大众创业系列丛书

新手学
数据分析 （入门篇）

杨群　编著

清华大学出版社

北　京

内 容 简 介

本书共分为 10 章，内容涉及数据分析工作的各个方面，循序渐进地讲解了数据分析工作的开展流程、技术以及各种注意事项，其主要内容有：认识数据分析、了解数据分析方法论和数据分析方法，数据源的获取、加工、处理、分析、呈现以及最终的报告撰写等。

全书内容详细全面，且注重实践操作，尤其对于想要从事数据分析工作的读者，借助本书可实现快速入门，此外本书也非常适合从事数据分析相关工作不久的新人巩固知识和提升相关技能。

图书在版编目(CIP)数据

新手学数据分析：入门篇 / 杨群编著 . —北京：清华大学出版社，2018

（大众创业系列丛书）

ISBN 978-7-302-48658-9

Ⅰ . ①新… Ⅱ . ①杨… Ⅲ . ①数据处理 Ⅳ . ① TP274

中国版本图书馆CIP数据核字(2017)第266029号

责任编辑：李玉萍
封面设计：郑国强
责任校对：吴春华
责任印制：沈　露

出版发行：清华大学出版社

网　　　址：http://www.tup.com.cn，http://www.wqbook.com
地　　　址：北京清华大学学研大厦A座　　　邮　　编：100084
社 总 机：010-62770175　　　邮　　购：010-62786544
投稿与读者服务：010-62776969，c-service@tup.tsinghua.edu.cn
质 量 反 馈：010-62772015，zhiliang@tup.tsinghua.edu.cn

印 装 者：三河市君旺印务有限公司
经　　销：全国新华书店
开　　本：170mm×240mm　　　印　　张：18.25　　字　　数：310千字
版　　次：2018年1月第1版　　　印　　次：2018年1月第1次印刷
定　　价：45.00 元

产品编号：073159-01

前 言
Foreword

关于本书

在这个信息爆炸的时代，我们每天都在与数据打交道，而且这些数据都在直接或者间接地影响着我们的生活和工作，特别是在市场现状的调查、行业发展趋势的预测、公司运营决策的制定、生产数据的预测、新产品的研发等领域，更加需要基于科学、严谨的数据分析得到的数据结果，来为决策者制定决策提供可靠的数据来源。

随着大数据时代的到来和发展，数据分析从业人员的需求量也在不断增大，虽然许多人想要从事数据分析工作，但是碍于数据分析技术的繁多与学习难度，最终都止步于这个大门外。有一部分人即使已经涉足或者从事了数据分析工作，但是对于整个数据分析的过程或许还存在迷惑的地方。

其实数据分析并没有那么难，只要依照最初的数据分析目的，运用正确的数据分析方法论和数据分析方法，逐步进行就可以完成数据分析工作。虽然数据分析的方法和技术很多，但是 Excel 作为强大的数据分析工具，几乎可以完成大部分的数据分析任务。对于初、中级的数据分析师而言，已经足够。

为了让更多的人了解什么是数据分析，并且快速入门，我们依照数据分析的整个过程和思路，精心编写了本书。

特点	说明
典型案例 快速精通	本书在创作过程中侧重于实践方面的讲述，摒弃"假、大、空"的套话，并提供了许多典型案例和实操内容，通过案例分析和讲解辅助读者了解数据分析技术的应用，让读者快速精通数据分析工作各个环节的重点和必会知识
全程图解 步步详解	本书包含大量的图片、表格和图示，步步详解各种数据分析方法和数据分析技术的实战应用，以帮助读者更快且更熟练地掌握数据分析技术

本书结构

本书作为一本数据分析入门的实用工具书，按照数据获取→数据处理→数据分析→数据呈现→数据报告的线索，为读者详细描绘了数据分析的完整流程以及整个数据分析工作中涉及的各种方法、方法论以及 Excel 技术和注意事项。全书共分为 10 章，主要内容可分为以下 3 个部分。

章节安排	主要内容	作用
第 1～3 章	本部分讲解数据分析概述、数据分析行业发展、数据分析人才的培养、认识商业数据分析师、了解数据分析的流程以及了解数据分析方法论和数据分析方法	这部分作为本书的开篇内容，为读者详细介绍了有关数据分析的基础知识，让读者对数据分析快速入门
第 4～7 章	本部分介绍数据分析过程中数据源的准备、加工处理、各种数据分析技术以及数据结果简单的呈现方式	这部分内容全面介绍了整个数据分析工作中的实战操作，掌握这些内容可以完成最基本的数据分析核心过程
第 8～10 章	本部分介绍如何用透视功能查看数据分析结果、用更专业的图表展示数据以及数据分析报告的撰写技巧和注意事项	这部分内容为本书的提升内容，通过对这部分内容的学习，可以让读者掌握数据分析结果的展示技巧以及数据分析报告的撰写技巧，从而更好、更完整地完成数据分析工作

本书读者

本书作为数据分析入门的实用书籍，能帮助想要涉足数据分析行业的读者快速入门，也可以帮助初涉数据分析工作的工作人员更专业地完成工作。此外，对于有过数据分析工作经验的初、中级数据分析师巩固和提升数据分析技术也有一定的指导作用。由于编者经验有限，书中难免会有疏漏和不足之处，恳请专家和读者不吝赐教。

本书作者

本书由杨群编著，参与本书编写的人员有邱超群、罗浩、林菊芳、马英、邱银春、罗丹丹、刘畅、林晓军、周磊、蒋明熙、甘林圣、丁颖、蒋杰、何超等，在此对大家的辛勤工作表示衷心的感谢！由于编者经验有限，书中难免会有疏漏和不足之处，恳请专家和读者不吝赐教。

目 录
Contents

目录
Contents

第5章 加工处理数据源是数据分析的关键 ………… 109

第6章 利用工具快速分析数据 ……… 135

第7章 数据结果的简单呈现方式 …… 169

目 录
Contents

第 1 章

全面了解数据分析行业

 **本章要点**

- ◆ 认识数据分析及其分类
- ◆ 数据分析的重要性
- ◆ 数据分析行业的发展历程
- ◆ 充分认识大数据时代
- ◆ 我国大数据产业存在挑战
- ◆ 大数据时代需要的人才

- ◆ 数据分析人才需要具备的能力
- ◆ 成为数据分析人才必备的素质
- ◆ 数据分析的职位体系
- ◆ 数据分析师的工作内容
- ◆ 常见数据分析职位的技能要求

学习目标

在大数据时代，随处都可以听到"数据分析"这个词，什么是数据分析，数据分析的价值是什么，如果要做好数据分析，需要具备什么样的条件……通过阅读本章，你将对数据分析有一个新的认识，对数据分析行业有更全面的了解。

知识要点	学习时间	学习难度
数据分析概述	**20** 分钟	★★
初步了解数据分析行业	**40** 分钟	★★★★
数据分析人才的培养	**15** 分钟	★
认识数据分析职位	**25** 分钟	★★★

数据分析概述

数据分析往往会让人联想到 Excel，的确，利用 Excel 可以进行数据分析，但是不能说数据分析就是用 Excel 处理数据。那么什么是数据分析呢？首先来看看数据分析的价值和作用。

1.1.1 认识数据分析及其分类

随着大数据概念的普及，越来越多的人意识到数据分析对经济发展的重要意义。什么是数据分析？通俗地讲，数据分析就是数据加分析，即对收集来的大量第一手资料和第二手资料进行分析，以求最大化地开发数据资料的功能，发挥数据的作用。专业地讲，数据分析是指用适当的统计分析方法对收集来的大量数据进行分析，从中提取有用的信息并形成结论，进而对数据加以详细研究和概括总结。

在统计学领域中，数据分析被划分为 3 种类型，分别是描述性数据分析、探索性数据分析以及验证性数据分析，各种分析类型的介绍如图 1-1 所示。

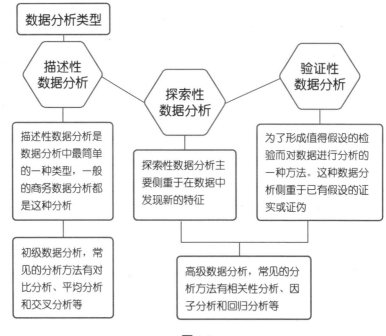

图 1-1

1.1.2　数据分析的重要性

常言道：数据是最有说服力的。也有人说："不以数据分析为基础的执行都是耍流氓"，虽然这句话听起来不雅，但是道理是很明确的。下面来看两个小案例。

案例陈述

【例1】

在20世纪90年代，美国沃尔玛超市的管理人员在分析销售数据时发现了一个令人难以理解的现象：在某些特定的情况下，"啤酒"与"尿布"这两件看上去毫无联系的商品却经常出现在同一个购物单中，后来经过调查发现，这种现象主要发生在年轻的爸爸身上。

因为在美国有婴儿的家庭中，妈妈通常是在家中照顾婴儿，而买尿布的事情则落在了年轻的爸爸身上，所以当爸爸去超市购买尿布时都会顺便为自己购买啤酒，所以看上去毫无关系的两件商品，在这种年轻爸爸这个群体的存在下发生了必然的联系。针对这种现象试想，如果爸爸们在超市中只能买到这两件商品中的一件，则很有可能他会放弃在此处购物而另寻他处。

于是，沃尔玛超市的管理人员尝试在卖场将啤酒与尿布摆放在相同的区域中，让年轻的爸爸可以很方便地同时找到这两件商品，并完成购物，超市对这种调整获得的最直接的益处就是提升了商品的销售收入。

【例2】

一个人围绕刷牙发生的数据有以下一些：平均一年买几次牙膏，喜欢什么口味，什么价位，什么品牌，什么年龄段……这些数据看似平凡简单，但是这些数据对销售牙膏的人来说有很大的帮助。例如，"平均一年买几次牙膏"这项数据，通过对这项数据进行分析，可以了解到人们使用牙膏的周期，从而可以指导商场或者超市的采购人员配合使用周期来确保牙膏的有效供应。又如，对"口味""价位"和"品牌"这些数据进行分析，可以帮助销售者判断出客户的需求、消费水平以及对品牌的信任度等。这样的分析结果对采购者采购商品时有很大帮助。

虽然这两个例子很小，但是透过这两个案例得到的结论是一样的，无论是企业的发展还是整个行业的发展，数据分析都是运营的核心。在现代这个网络发达的信息社会，各行各业对信息资料的需求已经达到了垂涎三尺的地步，因此，很多的媒体机构和行业机构每年都会对数以千万的数据进行分析和报道。因为大家都知道，数据分析的终极核心价值在于资源优化配置。

下面具体来看看数据分析的重要性具体表现在哪些方面。

(1) **能客观地对实际情况进行真实反映**。数据分析是在实事求是原则的指导下，对大量的数据进行加工处理和研究，最终做出科学的判断并编写成数据分析报告，因此该报告比一般的数据报表更能集中、全面和正确地反映客观情况。

(2) **企业运营重要的监督手段**。因为数据分析部门掌握了公司大量的统计数据及信息资料，因此能更全面和准确地对公司当前的运营情况和未来的发展进行把握，从而能较好地监督检查企业相关部门方针政策的执行以及各项任务和指标的完成情况。

(3) **实现管理科学化的有效手段**。可以更好地从量化的角度开展分析研究，让领导和有关部门客观、全面地认识该公司经济活动的历史、现状及其发展趋势，并以数据为基础来进行科学化的管理，并参与到重要决策的制定过程中。

(4) **有利于数据资料的深度开发**。数据分析部门通过普查、抽查和调查等多种形式来收集资料，并对数据进行加工整理和深入分析，而且对分析的结果还可以进行多层次的开发和利用，最终得到更多有用的信息，让公司的决策人更充分地透过数据看到本质，从而可以更好地做出科学、正确的决策。

(5) **有利于各部门更高效地完成工作**。庞大的数据库一般是杂乱无章的，尤其从市场中获得的调查数据，信息更是凌乱分散。仅仅从表面很难看出数据之间内在的联系，而利用数据分析可以让数据变得可视化和直接，不仅利于工作人员理解和管理，而且可以让各项工作进行得更加清晰和有条理。

1.2 初步了解数据分析行业

在国外，数据分析很早就被应用到各个领域，而且还成立了相应的行业组织，培养了专业的数据分析人员。在我国，数据分析行业起步相对较晚，下面就来了解一下国内数据分析行业的发展情况。

1.2.1 数据分析行业的发展历程

我国的数据分析行业从无到有，直至今天的不断发展壮大，主要经历了兴起期、发展期、成型期和迅速发展壮大期这 4 个阶段。

1. 第一阶段：兴起期

2003 年年底，根据国家财政部和国家发改委《关于规范长期投资项目数据分析方法及与国际接轨的总体精神》，信息产业部电子行业职业技能鉴定指导中心正式设立"项目数据分析师"考试培训认证项目，并制定我国项目数据分析师人才培养管理规则以及考核管理办法。

次年的 1 月 1 日，首批项目数据分析师在深圳诞生，这标志着项目数据分析师全国考试培训试点工作正式拉开序幕。随后，这项培训工作在深圳、北京、成都和沈阳试点后，又迅速推广到上海、广州、西安、天津、南京、南宁和厦门等城市开展。这就意味着"项目数据分析师"的人才培养战略在全国全面启动。

2. 第二阶段：发展期

2005 年，全国首家项目数据分析师事务所通过国家工商局的正式批准设立，于 2005 年 4 月取得营业执照。此后，在西安、深圳、成都和北京等地的项目数据分析师事务所相继诞生。项目数据分析师事务所的出现，不仅是我国数据分析行业的一个里程碑，更是我国数据分析行业开始进入不断发展新时期的标志。

3. 第三阶段：成型期

2006 年，全国各地方政府和行业协会纷纷发文表示支持数据分析行业的发展，为项目数据分析人才的培养提供了大力帮助，且所有开考地区的省级报纸、杂志、电视台和网络等各种媒体对项目数据分析师进行了全面的报道，从此，"数据分析师"和"项目分析师"等岗位在各种人才招聘会上出现在大家的视野中。

2007 年，数据分析师的培训课程体系得到进一步完善，全国的项目数据分析师学员人数已达到千人，而全国近 10 个省市组建了近 40 家专业的项目数据分析师事务所。同年 7 月，为了项目数据分析全国行业协会的筹备需要，电子行业职业技能职业鉴定指导中心正式下文批准成立全国"项目数据分析师专家委员会"。

在这两年的时间中，项目数据分析师职业和专业数据分析师事务所的出现，标志着数据分析行业已经全面成型，项目数据分析师和专业事务所开始在数据分析所涉及的各个领域发挥巨大的作用。

4. 第四阶段：迅速发展壮大期

随着企业的不断成长和行业规模的日渐扩大，在 2008 年，数据分析行业发展迈进了新的时期，当年 1 月，国家发展和改革委员会培训中心与项目数据分析师考试培训认证中心达成战略合作意向，共同推广项目数据分析师培训项目。

同年 6 月，经国资委审核同意，国家民政部正式批准中国商业联合会数据分析专业委员会 (以下简称数据分析委员会) 成立，随后在 12 月 21 日，数据分析委员会成立大会暨数据分析行业研讨会在北京隆重召开，标志着中国数据分析行业步入了一个迅速发展壮大的阶段。

次年，数据分析行业的培训全面开展，在 4—12 月，数据分析委员会在北京举办了首次面向全国会员的继续教育面授课程，来自全国几十家事务所及各地 140 名会员和学员参加了此次继续教育培训，实现了会员与专家面对面的交流学习，也为会员的从业和创业提供了最为直接的引导和帮助。

自数据分析委员会成立后，全国各地纷纷成立新的事务所，并向委员会备案，而且委员会颁发的资质已得到社会各界的认可。

在 2010 年，我国项目数据分析师事务所迅速增加，在 4 月，首届中国数据分析业峰会在京举办，在国家发展和改革委员会及相关领导的支持和监督下，各事务所代表共同签署了行业自律宣言，并启动了行业首个社会公益服务平台——项目数据分析服务平台，开始面向社会开放公益性服务职能。

1.2.2　充分认识大数据时代

早在 2008 年，大数据 (Big Data) 这个概念就已被提出，随着"云计算""互联网"和"物联网"的快速发展，大数据也吸引了越来越多人的关注，成为社会热点之一。数据时代的到来，标志着人类迈入商务智能化时代。

1. 大数据概述

现如今，无论是技术人员、咨询人士还是各行各业的精英人士都在探讨"大数据"，那么，多大的数据才叫大数据呢？其实在业内，大数据至今尚无确切和统一的定义，维基百科给出了一个定性的描述：大数据是指无法使用传统和常用的软件技术和工具在一定时间内完成获取、管理和处理的数据集。

随着大数据的不断火热，对大数据特点描述的说法也很多，但是业内最普遍描述的大数据必须具备容量 (Volume) 巨大、处理速度 (Velocity) 快、数据类型多样 (Variety) 以及商业价值 (Value) 高这 4 个特点，具体的特点描述如图 1-2 所示。

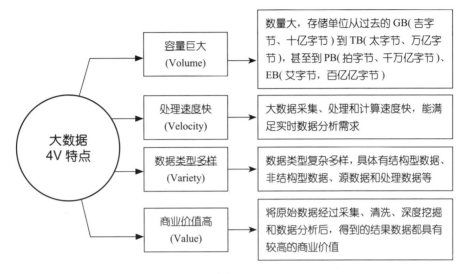

图 1-2

除了以上的 4V 特点以外，大数据还有一个显著的特点，即数据是在线的 (Online)，这是大数据区别于传统数据的最大特征，因为只有在线的数据，才能随时调用和计算，这是互联网高速发展背景下的必然特点。

离线的磁盘数据，其商业价值远远不及在线数据的商业价值大。比如，对于现在比较流行的各种打车工具，客户的数据和司机的数据都是实时在线的，这样的数据才有意义。

知识补充 | 大数据新解

随着社会的发展，"大数据"一词的重点已经不再仅仅局限于对数据规模的定义，如今提到"大数据"，人们联想到的是：①新时代的标志；②给传统计算技术和信息技术带来的技术挑战和困难；③处理大数据需要的新技术和新方法；④大数据分析和应用带来的新发明、新服务和新的发展机遇。

2. 大数据的行业现状

大数据的发展阶段大致可以划分为 4 个阶段，分别是探索期、市场启动期、高速发展期和应用成熟期。而在我国，40% 的企业没有大数据平台部署和大数据应用；24% 的企业已经开始部署大数据平台但还未实现应用；36% 的企业已经实现大数据应用，因此，我国的大数据产业正处于高速发展期，如图 1-3 所示。

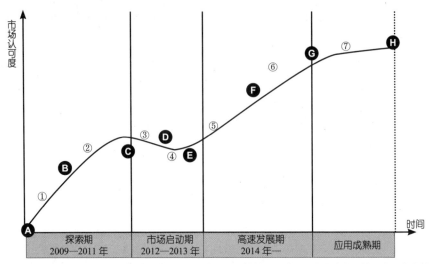

①：大数据产业在中国逐步受到关注，典型大数据产品及服务纷纷上线，互联网企业大数据率先应用落地。
②：大数据概念普及，资本市场不断关注，具有数据资产的企业谋求转型。
③：市场产品同质化程度加强，各色数据分析厂商借机粉墨登场。
④：大数据市场陆续出现新的商业模式，细分市场涌现。
⑤：多种商业模式得到市场印证，新产品和服务具有稳定的刚性需求，细分市场走向差异化竞争。
⑥：现状未知。
⑦：现状未知。

图 1-3

　　虽然我国和美国几乎同一时期关注大数据产业，但我国在大数据领域稍滞后于美国，而从全球范围来看，大数据产业已经开始处于概念热潮的峰值滑落阶段，而我国大数据产业市场规模仍保持超高速增长，图 1-4 和图 1-5 所示分别为 2014—2020 年全球和我国大数据规模统计图。

图 1-4

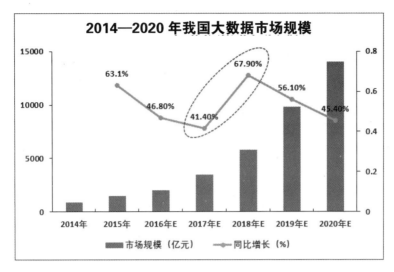

图 1-5

3. 大数据的行业应用领域

大数据时代最有意义的就是利用大数据及大数据技术创造价值，谈及大数据应用，可以分为政府服务类应用领域和企业商业类应用领域两种，下面分别加以介绍。

1) 政府服务类应用领域

政府利用准确、高效的大数据，依托大数据技术，可以更及时地得到准确的信息，为政府管理提供强大的决策支持，从而实现精细化资源配置和宏观调控。大数据在政府服务类应用的范围主要有表 1-1 所列的几个方面。

表 1-1　大数据在政府服务类的应用领域

应用领域	具体应用
交通管理	大数据在交通管理中的应用有两个方面：一方面是利用大数据传感器数据来了解实时的交通道路信息，从而合理进行道路线路的规划，有效缓解道路拥堵；另一方面是利用大数据来实现即时信号灯的调度，通过大数据平台计算出一个较为合理的方案，进而提高已有线路的运行能力
天气预报	借助于大数据技术，人们可以更精确地了解各种天气情况及自然灾害的运动轨迹和危害的等级，从而提高预报的准确性和实效性
农牧业	通过大数据可以分析出消费者的消费趋势以及消费习惯，从而可以帮助政府为农牧业的生产提供合理的引导和建议，避免产能过剩的情况。以前出现的蔬菜卖不出去等现象，就是农牧业没有规划好，从而造成了资源和财富的浪费

应用领域	具体应用
食品安全	食品安全问题一直是国家重点关注的问题，在数据驱动下，通过在网上采集举报信息，可以很方便地掌握部分乡村和城市中的死角信息，挖出违法的加工作坊，及时进行干预，不仅提高执法透明度，也能降低执法成本。此外，也可以通过分析医院提供的就诊数据信息，从而分析哪些食品涉及安全问题并及时采取监督检查行动
宏观调控	政府利用大数据技术可以了解各地区的经济发展、产业发展、消费支出以及产品销售情况，依据数据分析结果，可以科学地制定宏观政策，平衡各产业发展，有效利用自然资源和社会资源，提高社会生产效率
财政支出	利用大数据和大数据技术进行财政支出管理，不仅提高了工作效率，而且使管理更精细，并且公开透明的财政支出将更有利于提高公信力，让监督更到位
舆情监控	通过网络关键词搜索及语义智能分析，能提高舆情分析的及时性和全面性，全面掌握社情民意，提高公共服务能力，应对网络突发公共事件，打击违法犯罪

2) 企业商业类应用领域

据调查显示，超过 95% 的企业认为大数据对企业非常重要，那么大数据可以应用到哪些行业中呢？

在未来的几十年里，大数据都将会是一个重要话题。它冲击着许多主要的行业，包括医疗行业、金融行业、生物技术行业和零售行业等。下面就来具体了解一下大数据如何影响这些行业，如表 1-2 所示。

表 1-2　大数据在常见行业中的具体应用

行业应用领域	具体应用
医疗行业	借助大数据平台，可以收集不同的病例、病理报告、治疗方案、药物报告以及病人的基本特征等，通过建立针对疾病特点的数据库，从而极大地方便医生和病人。同时这些数据也有利于医药行业开发出更加有效的药物和医疗器械，为人类健康造福
金融行业	在金融行业领域，大数据的应用是最广泛的，其具体的应用方向有以下5个方面：①依据客户消费习惯、地理位置和消费时间进行推荐，从而达到精准营销；②依据客户消费和现金流提供信用评级或融资支持，进而进行风险的管控；③利用决策树技术进行抵押贷款管理，利用数据分析报告实施产业信贷风险控制；④利用金融行业全局数据了解业务运营的薄弱点，利用大数据技术加快内部数据处理速度，提高工作效率；⑤利用大数据计算技术为客户推荐产品，并根据客户行为数据设计出让客户满意的金融产品

行业应用领域	具体应用
生物技术行业	在生物技术应用领域，大数据技术主要应用于对基因分析，通过大数据平台可以将各种生物体的基因分析结构保存下来，建立基于大数据技术的基因数据库，从而更有利于基因技术的全面研究，并推动生物技术的发展进程
零售行业	在零售行业，大数据的应用对零售商和产品的生产商都起着非常重要的作用。对于零售商而言，通过对客户消费喜好进行大数据分析，可以掌握未来的消费趋势，从而有利于商品的进销存管理以及过季商品的处理。另外，通过对客户所购买产品的大数据分析，可以为客户提供可能购买的其他产品，从而扩大商家的销售额。对于产品的生产商而言，通过对这些大数据进行分析，厂家可以按需进行生产，从而减少不必要的生产浪费
电商行业	在众多行业中，利用大数据进行精准营销的行业就是电商行业，除了精准营销以外，其具体的应用还包括以下几个方面：①通过大数据分析，电商可以依据客户的消费习惯提前为客户备货；②电商利用其交易数据和现金流数据，为其生态圈内的商户提供基于现金流的信贷支持；③依托电商消费报告的大数据分析，有利于产品的设计和制订更加完善的产销存计划，从而让管理更加精细化
农牧业	大数据在农牧业中的应用主要表现在两个方面：一是可以更加准确地预测天气状况，更好地帮助农牧民做好自然灾害的预防工作；二是通过大数据分析，可以了解消费者的习惯和喜好，从而为确定种植品种提供了可靠的数据基础，让生产更加准确，减少浪费。此外还有助于快速完成销售工作，让资金快速回笼

1.2.3　我国大数据产业存在挑战

"大数据"作为数据分析的前沿技术，是新一代信息技术的集中反映，是一个具有无穷潜力的新兴科技产业领域。虽然我国现阶段的大数据产业正处于高速发展期，但是作为一个新生领域，仍然存在很多的挑战，如工程技术、管理政策、人才培养和资金投入等。只有面对这些基础性的挑战问题，才能充分利用大数据为企业和社会发挥其最大的价值与贡献。

下面具体了解一下我国大数据产业存在的挑战。

1. 行业发展良莠不齐

我国大数据产业仍然处于发展阶段，许多的行业标准和管理机制还在不断完善中，而在国家大力鼓励全民创业的大浪潮下，涌现出大量的大数据企业，这些企业中有很多是借着大数据概念的热潮进行投机炒作，使得行业发展出现良莠不齐的状态。

2. 数据开放程度较低

大数据产业发展的前提是需要丰富的数据资源，而我国大部分的信息资源目前都处于封闭状态，因此与欧美国家相比，我国的数字化数据资源总量很低，而且，就现有的有限资源而言，也存在不标准和不完整的特点，因此数据源的欠缺直接影响大数据分析和处理的需求，导致大数据应用缺乏价值。

3. 隐私安全风险日显突出

数据应用的前提是数据源要开放，但是一旦数据源被开放后，如何来权衡隐私问题便成了大数据时代的一个重大挑战，尤其在云计算、物联网和移动互联网等新一代信息技术飞速发展的现阶段，在数据得到全面开放后，虽然企业可以通过大数据技术来挖掘和分析从而获得具有商业价值的数据，黑客也可以利用大数据向企业发起攻击，并且一些隐私数据也可能被不法商家利用，这都给数据安全带来了巨大的挑战。

4. 管理和决策与大数据应用不匹配

大数据开发的根本目的是通过数据分析帮助人们做出更明智的决策，从而优化企业的运转。以往公司的重大决策都是位高权重的人或者高价外请的专业人士来评估，时至今日，仍然有很多高管在做出决策时依赖的是个人经验。但是在大数据应用方面，决策不能仅凭经验，而是真正看数据说话，一切决策要以数据为基础。因此，大数据能否真正发挥作用，从深层次看，还要改善管理模式，需要管理方式和架构与大数据技术工具相适配，这或许是最难迈过的一道坎。

5. 技术应用滞后

虽然我国的大数据产业与国际大数据产业发展几乎同时起步，但在大数据相关的数据库及数据挖掘等技术领域，领军企业均为外企，我国的大数据技术及应用仍然存在滞后现象。

数据分析人才的培养

在大数据时代，相关人才的欠缺将成为影响大数据市场发展的一个重要因素，要想让技术扎实而有效地在企业中落地，就必须注重数据分析人才的培养。

1.3.1 大数据时代需要的人才

拥抱大数据之前，首先团队要到位。分析技能非常重要。你的营销团队要能够非常自如地玩转数据。很多人认为社交媒体营销是个十分有趣的工作，其实它只是个艰苦的工作。它非常注重数据、衡量标准和数据可视化等问题。要成功，首先要确保你的员工已经接受过技能培训，了解如何最大化利用大数据的潜力。当然回报也是非常丰厚的。

——纽约大学助理教授 Perry Drake

大数据时代的到来，标志着人类迈入商务智能化时代。大数据作为一个新兴的科学技术，其建设的每一个环节都需要依靠专业的技术人才才能完成。因此，制约我国大数据产业进一步发展的瓶颈很有可能是大数据人才不足，这也许正是我国与欧美国家同时起步于大数据产业，却落后于其发展的重要因素之一。

所谓"十年树木，百年树人"，人才培养有其自身的规律，大数据领域的人才培养也不可能脱离这种规律。尤其对于我国目前的大数据技术及应用相对滞后的这一局面，人才显得更为重要，要想使大数据产业更好地发展，企业能够抓住大数据带来的机遇，这就迫切需要培养一支懂指挥、懂技术和懂管理的大数据建设专业队伍。

1.3.2　数据分析人才需要具备的能力

有媒体分析指出，数据分析师是未来最具发展潜力的职业之一。据统计，在未来大数据的发展将会出现约 100 万的人才缺口，在各个行业和领域，大数据中高端人才都会成为最炙手可热的人才，涵盖了大数据的工程师、规划师、分析师、架构师和应用师等多个细分领域和专业。

大数据的相关职位需要的是复合型人才，因此要想成为一个合格的大数据分析人才，必须具备以下能力。

1. 懂分析

既然是数据分析人才，就应掌握数据分析的基本原理与一些有效的数据分析方法，并能灵活运用到实践工作中，这是每个数据分析人才必须具备的基本能力。

2. 懂工具

数据分析方法都是一些理论的知识，要将理论知识付诸实际，就必须借助数据分析工具，这些数据分析工具不是简单地用计算器进行数据计算，而是依靠专业的数据分析工具对数据进行全面和深层次的分析和挖掘，从而获取具有商业价值的数据信息。

3. 懂业务

一个专业的数据分析师，必须非常熟悉所在行业的行业知识、公司业务及流程，最好有自己独到的见解，如果脱离了行业认知和公司的业务背景来进行数据分析工作，那分析得到的结果对行业或者公司来说是没有太大使用价值的。

4. 懂管理

合格的数据分析师不仅仅是对数据进行分析，还必须懂得一定的管理知识，这样才能更好地搭建数据分析框架和模型。例如，要确定数据的分析思路，就会运用到营销管理的理论知识来指导，一方面是搭建数据分析框架的要求，比如确定分析思路就需要用到营销和管理等理论知识来指导；另一方面是针对数据分析结论提出有指导意义的分析建议。

5. 懂设计

懂设计对数据分析师来说也是非常重要的一项技能，因为分析出来的数据结果要让别人看得清楚，就需要经过一定的设计，尤其在图表的使用过程中，图形的选择、版式的设计和颜色的搭配都需要设计，经过设计的图表不仅能够有效地表达数据分析师的分析观点，使分析结果一目了然，还能在一定程度上体现数据分析师的专业水准。

在所有的技能中，懂工具是数据分析师所要具备的技能中最基础也是最重要的，那么，在大数据时代下，作为一名数据分析师，需要掌握哪些具体的工具呢？相关的应用环节及工具如图 1-6 所示。

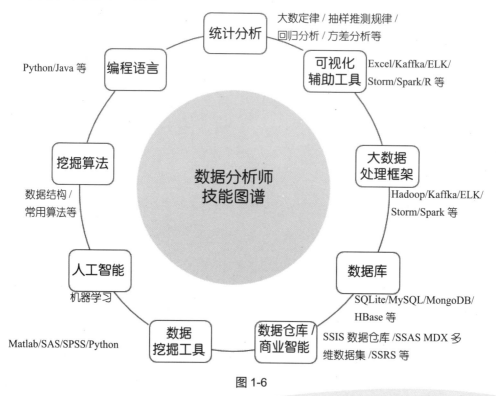

图 1-6

1.3.3　成为数据分析人才必备的素质

作为一个优秀的专业数据分析人才，除了要在自己的领域中具备必需的技能以外，还要具备一定的职业素质，技术和业务能力是可以通过培训获得的，而一些比较基础的职业素质是短期难以培养起来的，那么，要想成为一名优秀的数据分析人才，还必须具备哪些素质呢？下面就来具体看一看。

1. 态度必须严谨，责任心强

要想成为数据分析人才，必须要有严谨的态度和很强的责任心，这是这个行业最基本的职业道德，因为只有本着严谨的态度，保持中立的立场，从客观的角度来评价企业发展过程中存在的问题，才能确保数据分析结果的客观性和准确性，为决策层提供最真实且最有价值的数据。

2. 思维必须足够敏锐

数据分析师每天都在和数据打交道，要在庞大繁杂的数据海洋中找到具有分析价值的数据，这就要求分析师必须具备敏锐的思维，这也是业务能力强的表现。

3. 对数字很敏感

要做好数据分析工作，最基本的前提就是不讨厌数字，如果你一看到数字就觉得头昏脑涨，那么就不适合从事数据分析工作。而且优秀的数据分析工作者，数字敏感度特别强，具备快速发现异常数据的能力，同时可以预测出现问题的根源，然后在最短时间内找出问题根源并解决问题。

4. 逻辑思维要高度清晰

即使平时的说话或者做文章，都讲究条理性。作为数据分析师，更应该具备缜密的思维和清晰的逻辑推理能力，因为数据分析师面对的都是很复杂的商业问题，在分析问题、寻找解决方案并最终解决问题的过程中，都必须要求分析师的思路保持高度清晰，如果逻辑混乱，就有可能影响分析结果，从而导致错误，只有在思路清晰的情况下，经过深入思考后才能理清各种逻辑关系，才能确保从客观和科学的角度找到解决问题的方法。

5. 刨根问底的精神

数据分析师是从事数据研究和分析的工作，优秀的数据分析师往往都具备刨根问底的精神，出现结果后会对其进行继续深究，从而积极主动地发现并挖掘隐藏在数据内部的其他价值。

6.沟通能力强，工作细心、耐心

在现代社会，良好的沟通能力、细心和耐心是每个工作岗位都必须具备的职业素质，而从事数据分析这种严谨的工作更应该具备这些素质，分析数据细心和耐心，可以确保数据的正确性，而良好的沟通能力可以让数据分析师更好地阐述各类问题。

认识数据分析职位

在这个用数据说话并依靠数据竞争的时代，数据分析师越来越受到重视，那么数据分析师到底要做些什么工作、要从事这项工作必须具备哪些条件、晋升道路是怎样的呢？

1.4.1　数据分析的职位体系

大数据如此火爆的时代，各种数据分析人才备受青睐。但是很多人对数据分析师的认识仅仅停留在会使用 Excel 工具的一些高级功能，如果你在工作中能够使用 Excel VBA 来辅助工作，在别人眼中你就是数据分析的牛人了。

其实数据分析师与用 Excel 分析数据的人之间是不等同的，下面就具体来了解一下数据分析的职业体系是怎样的。按照数据处理的不同阶段，可以将数据分析的职位划分为数据采集、数据分析与数据挖掘，各种分类下的具体职位如图 1-7 所示。

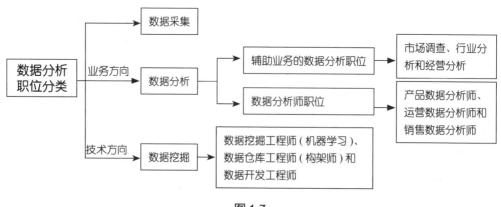

图 1-7

辅助业务的数据分析职位一般在零售业里设置得比较多，该职位一定要对业务烂熟于心，对业务有长时间的积淀和理解，用数据发现业务流程中的问题，并提出合理化的解决方案，分析数据是为整个商业逻辑去做支撑。

上面是数据分析职位的一般划分方式，在不同的公司，数据分析师的职位划分也存在差异。通常，在一些中小企业中，尤其在初创的中小企业中，没有成立专门的数据处理部门，因此数据分析的相关职位往往是归属在市场部或者运营部。对于一些大型的企业，都有比较成熟的独立的数据分析部门，数据分析的相关职位划分得更细致。

对于数据分析师的晋升，也分为行政职位晋升和专业能力晋升两个方向，其中，行政职位晋升路径：数据分析专员→数据分析主管→数据分析经理→数据分析总监；专业能力晋升路径：助理数据分析师→数据分析师→资深数据分析师→高级数据分析师。

1.4.2　数据分析师的工作内容

数据分析师是指在不同行业中，专门从事行业数据搜集、整理和分析，并依据数据做出行业研究、评估和预测的专业人员。其具体工作内容有以下几点。

(1) 负责项目的需求调研、数据分析、商业分析和数据挖掘模型等，通过对用户的行为进行分析来了解用户的需求。

(2) 参与业务部门临时数据分析需求的调研、分析及实现。

(3) 参与数据挖掘模型的构建、维护、部署和评估。

(4) 整理编写商业数据分析报告，及时发现和分析其中隐含的变化和问题，为业务发展提供决策支持。

(5) 派驻或对口支持业务部门提供数据分析服务，与业务部门合作开展专题分析。

(6) 支持产品部门下的运营、产品、研发和市场销售等各方面的数据分析、处理和研究的工作需求。

但是针对不同方向，数据分析师的具体工作内容也存在一些差别，如表 1-3 所示。

表 1-3　不同数据分析师岗位工作内容

岗位	具体工作内容
偏用户行为方向的数据分析师	①数据管理：梳理业务逻辑模型、建立主题表和埋点验证等；②报表支持：管理和建设报表体系；③业务分析：根据用户行为数据进行行业业务分析，给业务端更好的指导，帮助业务快速提升，同时需要建设业务分析模型，不断评估和优化业务分析模型

续表

岗位	具体工作内容
偏市场方向的数据分析师	①负责业务线运营数据监控，查找业务异常点，并与相关部门沟通；②负责业务线日常运营数据分析，撰写分析报告；③针对业务数据规律，建立数据分析模型；④协助业务数据需求和数据应用等具体项目落地实施
数据分析师助理	①数据清洗建模分析；②协助数据中心主任完成数据深度研究挖掘工作；③协助数据中心主任完成数据分析报告的撰写工作

1.4.3　常见数据分析职位的技能要求

由于数据分析人才是综合性的高端人才，因此各个工作岗位对从业者的技能要求都非常高，下面列举一些常见数据分析职位的技能要求供大家参考，如表 1-4 所示。

表 1-4　数据分析职位的任职条件

岗位	主要技能要求
数据分析师助理	①数据库知识 (至少要熟悉 SQL)；②非常熟悉统计分析知识、Excel 和 PPT 工具的应用；③了解 SPSS 或 SAS；④对于与网站相关的业务还可能要求掌握 GA 等网站分析工具
数据挖掘工程师	①必须很精通数据库工具及其应用，因为很多时候，在模型的数据预处理时都需要在数据库中完成；②必须掌握成熟的数据挖掘工具和数据挖掘算法，如 SPSS/CELEMENTINE、SAS/EM 等；③熟悉一两款开源软件，如 R 和 WEKA 等
数据建模师	①掌握多元统计、时间序列和数据挖掘等理论知识；②掌握高级数据分析方法与数据挖掘算法；③能够熟练运用 SPSS、SAS、Matlab 和 R 等至少一种专业分析软件；④熟练使用 SQL 访问企业数据库，结合业务，能从海量数据提取相关信息，从不同维度进行建模分析，形成逻辑严密、能够体现整体数据挖掘流程化的数据分析报告
数据算法师	①具备计算机原理、算法设计、无线导航与自主导航原理、大地测量学、数据结构和高等数学相关知识；②熟悉北斗或 GPS 高精度差分、RTK 和 CORS 等算法；③熟练掌握 C/C++ 语言和 Matlab 仿真软件，能在 DSP 和 PC 等平台上开发相关软件；④熟练掌握 SQL，有独立的数据探查能力
业务数据分析师	①掌握概率论和统计理论基础；②能够熟练运用 Excel、SPSS 和 SAS 等，一种专业分析软件；③有良好的商业理解能力，能够根据业务问题指标利用常用数据分析方法进行数据的处理与分析，并得出逻辑清晰的业务报告

第 2 章
深入认识数据分析

 **本章要点**

- ◆ 了解数据形成过程与数据处理
- ◆ 理解字段、记录和数据表
- ◆ 认识 Excel 处理的数据类型
- ◆ 第一步：明确数据分析的目的和思路
- ◆ 第二步：获取需要分析的数据
- ◆ 第三步：对收集的数据进行处理

- ◆ 第四步：分析数据，获得有用信息
- ◆ 第五步：选择合适的数据呈现方式
- ◆ 第六步：撰写数据分析结果报告
- ◆ 平均数指标
- ◆ 频数与频率指标

 **学习目标**

通过对第 1 章的学习，清楚了数据分析这个行业及其相应的职位，那么到底数据分析师如何来分析数据？作为零基础的新手而言，应该从哪里开始入门？在这章及本书的后面章节，都将围绕整个数据分析流程以及最初级的数据分析方法来带领大家快速上手。

知识要点	学习时间	学习难度
充分理解数据	30 分钟	★★★
掌握数据分析的流程	50 分钟	★★★★★
认识数据分析的误区	20 分钟	★★
了解基本的数据分析指标	30 分钟	★★★★

充分理解数据

数据是数据分析工作主要操作的元素，因此，有必要对数据进行一个全面的认识，这样才能从各种繁杂的信息中快速提炼出有用的数据。

2.1.1 了解数据形成过程与数据处理

从狭义上来说，数据就是数字，但是从广义上来说，数据是具有一定意义的文字、字母、数字符号的组合、图形、图像、视频及音频等，也是客观事物的属性、数量、位置及其相互关系的抽象表示。那么数据是怎么形成的呢？通常，人们把客观存在的事物以数据的形式保存到计算机中，需要经历从现实世界→信息世界→数据世界这3个过程。

(1) 现实世界。现实世界是客观的、人们头脑之外的世界。它由事物和事物之间的联系组成。将现实世界信息化，就可以进入信息世界。

(2) 信息世界。信息世界是现实世界在人们头脑中的反映，人们把它用文字或符号记载下来。在信息世界中，与数据库技术相关的术语有实体、属性、码、域、实体型、实体集和联系等。信息世界数据化之后，就可以进入数据世界。

(3) 数据世界。数据世界又称为机器世界。信息世界的信息在机器世界中以数据形式存储，在这里，每一个实体用记录表示，相应于实体的属性用数据项（又称字段）来表示，现实世界中的事物及其联系用数据模型来表示。

从3个过程中可以看到，信息是客观事物转变为数据的重要过程，二者之间也是不可分离的：信息依赖数据来表达，数据则生动具体地表达出信息。

对从信息中提取出来的数据进行处理，实际就是对数据进行管理，即对数据进行分类、组织、编码、存储、检索和维护。在计算机系统中，数据管理通常使用数据库管理系统完成，而在信息化的当今社会，数据管理主要是通过数据库技术来完成的。

数据库技术是信息系统的一个核心技术，它是一门综合学科，涉及操作系统、数据结构、算法设计、程序设计和数据管理等多方面知识，它的不断发展使得人们可以科学地组织存储数据、高效地获取和处理数据。

从第1章也可以了解到，作为一个合格的数据分析师，需要掌握的数据处理软件技能有很多，其实大多数数据分析利用 Excel 进行已经绰绰有余了，因此在本书中主要研究利用 Excel 功能来完成数据处理需要掌握的各种技术。当然，如果你要在数据分析师的道路上越走越远，你所掌握的就应越多，如你懂 Hadoop，那么就可能离大数据更近一点。

2.1.2　理解字段、记录和数据表

信息以数据的形式最终得以保存下来，其中离不开字段、记录和数据表这 3 个组成部分，下面从数据分析的角度来理解这 3 个概念。

◆ **字段**。字段是事物或现象的某种特征，如"姓名""性别""籍贯"和"居住地址"等都是字段。

◆ **记录**。记录是事物或现象某种特征的具体表现，如姓名可以是张三、李四和王五，性别可以是男性或者女性。

◆ **数据表**。将字段和记录组织在一起形成的关系结构就是数据表。

从概念中可以看到，记录、字段和数据表是一个有机的整体，三者之间相互依赖才得以存在。

在 Excel 表格中，表的每一列称为一个字段，一个记录可以包含若干个互不相同的字段，字段在记录中的先后顺序不影响数据的实际意义。表的每一行数据称为一个记录，一个表可以包含多条互不相同的记录，记录在表中的先后顺序不影响数据的实际意义，如图 2-1 所示。

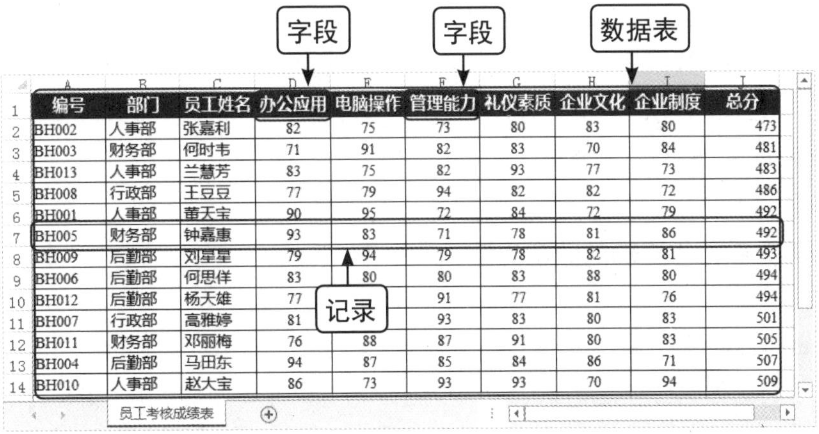

编号	部门	员工姓名	办公应用	电脑操作	管理能力	礼仪素质	企业文化	企业制度	总分
BH002	人事部	张嘉利	82	75	73	80	83	80	473
BH003	财务部	何时书	71	91	82	83	70	84	481
BH013	人事部	兰慧芳	83	75	82	93	77	73	483
BH008	行政部	王豆豆	77	79	94	82	82	72	486
BH001	人事部	黄天宝	90	95	72	84	72	79	492
BH005	财务部	钟嘉惠	93	83	71	78	81	86	492
BH009	后勤部	刘星星	79	94	79	78	82	81	493
BH006	后勤部	何思佯	83	80	80	83	88	80	494
BH012	后勤部	杨天雄	77	90	91	77	81	76	494
BH007	财务部	高雅婷	81	91	93	83	80	83	501
BH011	财务部	邓丽梅	76	88	87	91	80	83	505
BH004	后勤部	马田东	94	87	85	84	86	71	507
BH010	人事部	赵大宝	86	73	93	93	70	94	509

员工考核成绩表

图 2-1

　　表格是我们经常看到的，但是从数据分析的角度出发，为了方便后期的数据分析操作，在设计数据表时，还需要注意以下几点。

　　(1) 在 Excel 中的第一行必须是标题，即全部是字段名称，且不能存在重复字段。

　　(2) 从第二行开始，都是记录行。

　　(3) 无论是标题行还是记录行，都不能存在合并单元格的情况。

　　(4) 数据表的结构要以一维结构存在，不能设置为二维结构。

　　其实一维表和二维表在表格的外观结构上来看没有什么区别，都是第一行为标题行，第二行还是为记录行，唯一的区别是表格的每一列的字段是否是一个独立的参数。如果每一列都是独立的参数那就是一维表，如果某些列中每一列都是同类参数那就是二维表。下面来看图 2-2 所示表格。

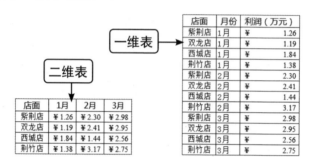

图 2-2

　　在图 2-2 中，左表就是一个典型的二维表，右表是标准的一维表，因为左侧表格中，1 月、2 月和 3 月都是属于针对月份来进行描述的，因此属于同种参数。一般情况下，通常制作的表格都是按照二维结构来进行存储的，主要是因为这种结构简单清晰，便于查看，但是不利于数据分析，此时就需要将二维结构的表格转化为一维表格，要达到这一目的，在 Excel 中可以利用数据透视表功能来实现，有关数据透视表的具体使用方法将在本书的第 6 章进行详细介绍。

2.1.3　认识 Excel 处理的数据类型

　　Excel 可处理的数据类型有多种，如文本、数值、日期和时间及货币数据等，要想看到 Excel 可以处理哪些类型的数据，直接选择任意一个单元格，单击鼠标右键，在弹出的快捷菜单中选择"设置单元格格式"命令，在打开的"设置单元格格式"对话框的"数字"选项卡的"分类"列表框中即可查看到，如图 2-3 所示。

图 2-3

从图 2-3 中可以看到 Excel 能够处理的数据类型有很多，但是最终都可归结为如图 2-4 所示的几种类型，而且在这几种类型中，部分数据之间还存在相互的转化关系，如将数值数据添加上货币符号就转化为货币数据等。

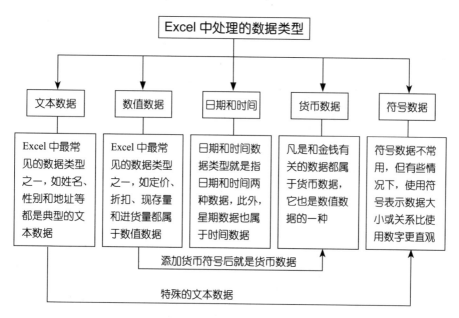

图 2-4

掌握数据分析的流程

2.2

　　一个完整的数据分析流程应该包括 6 个步骤，即明确数据分析目的、获取数据、处理数据、分析数据、展现数据和撰写数据分析结果报告。

2.2.1 第一步：明确数据分析的目的和思路

对于一只盲目航行的船来说，所有的风都是逆风。

——法国　哈伯特

　　做任何事情都要求目标明确，当然，数据分析也是一样。专业的数据分析师在进行分析之前通常都会思考：为什么要开展数据分析？通过这次数据分析我需要解决什么问题？一般的数据分析者在进行数据分析之前，更多考虑的是要用什么公式，要用什么图表，图表怎么设计才漂亮等。下面先来看一下图 2-5。

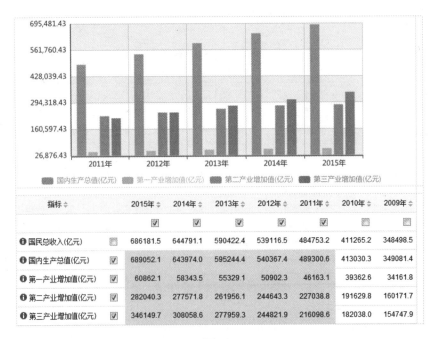

图 2-5

在图 2-5 中显示的是 2011—2015 年国内生产总值和三大产业的统计数据，针对该图表来模拟一下专业数据分析师和一般数据分析者思考问题的方式，如图 2-6 所示。

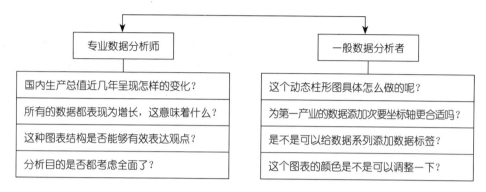

图 2-6

通过这种简单的对比就可以发现，专业的数据分析师是根据分析目的来寻求解决方法或者得到需要的目标结果，其整个过程不会偏离最初预想的方向；而一般数据分析者是更多地考虑外在表现形式，缺乏目标性。即使图表效果设置得再好看，如果与分析目的相违背，那么得到的数据结果是没有任何意义的，还有可能会为决策者提供错误的数据，从而最终造成不可预想的后果。

在确定分析目标后，还应该理清分析思路，搭建整体的分析框架，即将分析目标划分成多个小点，并确定合适的数据分析方法，这样才能更好地指导我们全面地开展数据分析工作，确保数据分析的有效性。

2.2.2　第二步：获取需要分析的数据

数据分析师是基于数据来开展工作的，因此，在进行数据分析之前，首先需要有数据，那么数据应该从什么地方来呢？归纳起来可以有 3 个来源，分别是公司内部数据库、市场调查和公开数据源。

1. 从公司内部数据库获取数据

公司从建立以后，发生的各种数据都会保存起来，包括公司的发展规模、业务数据、客户资源和在职员工信息等，日积月累，这些数据会越来越多，也越来越完善，它是数据分析最直接的数据来源。充分利用这些数据信息，可以分析公司过往的发展情况，从而更好地把握未来。

2. 通过市场调查获取数据

市场调查是指运用科学的方法，有目的地系统搜集、记录和整理有关市场营销的信息和资料，分析市场情况，了解市场现状及其发展趋势，为市场预测和营销决策提供客观和正确的资料。

通过这种方法得到数据，其目的性更强，而且数据更准确。因此，公司在制订营销计划之前，都会采用这种方法来获取第一手资料。根据调查目的的不同，市场调查又划分为4种形式，分别是探测性调查、描述性调查、因果关系调查和预测性调查。下面分别进行详细介绍。

- ◆ **探测性调查**。这种调查一般是针对问题或范围不明确的情况下选择的一种市场调查方法。例如，企业近期销量明显下降，到底是什么原因导致的这个结果无法确定，可以通过探测性调查去找出问题，从而为问题究竟应该如何解决提供进一步的资料及信息。要进行探测性调查，可以从3个方面来获取资料，分别是现存资料、请教有关人士和参考以往类似的实例。

- ◆ **描述性调查**。描述性调查是市场调查中最常见的形式，如市场潜力研究、市场占有率研究和销售渠道研究等，它是通过找出相关变量来描述调查对象的特征，它可以说明"怎样"或"如何"的问题，但是这种方法得到的数据只能是一种现象描述，并不说明变量中哪个是因，哪个是果，也不解释"为什么"的问题。

- ◆ **因果关系调查**。因果关系调查是在描述性调查的基础上进行的，它主要是通过各种方法来确定描述性调查中已收集到的变量之间具体存在的关系，以便为解决问题提供进一步的数据分析基础。

- ◆ **预测性调查**。市场需求的估计对每个公司来说都是十分重要的，因为如果公司对未来的市场需求不了解或者估计错误，都会给公司带来很大的风险。预测性调查主要是根据描述性调查与因果关系调查所提供的资料，来建立预测分析的模型，从而最终对市场进行评估。

对于第一手资料的获取，所耗费的金钱和时间都是相当巨大的。但是这些资料对数据分析师而言，是非常重要的数据。公司要获得这类数据，可以委托专业的调查公司来进行，也可以设立市场研究部门，专门负责此项工作。需要特别提醒，市场调查数据也会存在误差，因此其数据仅供参考。

3. 从公开数据源获取数据

公开数据源的来源有两个方面：一是公开发行的刊物，如"中国统计年鉴""世界经济年鉴"和"世界发展报告"等；二是网络，如国家相关部门统计信息、各种信息查询平台以及专业的第三方机构等。

尤其随着互联网的发展，从网络上获取公开的数据源越来越方便，下面列举一些常见的信息查询平台及专业的第三方数据统计机构供读者参考。

(1) 中国国家统计局网站 (http://www.stats.gov.cn/tjsj/)。它主要包括国家经济宏观数据、社会发展和民生相关重要数据及信息，非常全面且定期发布统计出版刊物，实用性强，其统计数据页面效果如图 2-7 所示。

图 2-7

(2) 中国经济数据库 (https://www.ceicdata.com/zh-hans/products/china-economic-database)。这里介绍的中国经济数据库是由司尔亚司数据信息有限公司 (CEIC) 提供的，该公司成立于 1992 年，公司提供的有关世界发达经济体和发展中经济体的信息是最广泛且最精确的。不论是用于研究还是用于投资，该公司的"中国数据库"都可以为用户提供大量有关中国市场各种部门和行业经济活动的信息，其页面效果如图 2-8 所示。

图 2-8

（3）国家数据平台（http://data.stats.gov.cn/index.htm）。它的数据源来自国家统计局，但排版更清晰简洁，包括国计民生各个方面的月度数据、季度数据、年度数据、各地区数据、部门数据以及国际数据，其页面效果如图 2-9 所示。

图 2-9

（4）艾瑞网（http://www.iresearch.cn/）。它是艾瑞咨询精心打造的国内首家新经济门户网站，其定期发布互联网相关数据及报告，在国内的互联网咨询服务方面报告相对出色。该网站的页面效果如图 2-10 所示。

图 2-10

2.2.3　第三步：对收集的数据进行处理

数据处理的基本目的是从大量的、可能是杂乱无章的、难以理解的数据中抽取并推导出对于某些特定的人们来说是有价值和有意义的数据，并将其形成适合数据分析的样式。

在进行数据分析之前，首先要做的就是数据处理。如果数据处理工作不到位，则会影响数据的分析方向。下面先看一个案例。

案例陈述

2017 年 3 月 14 日，国家统计局发布了关于 1—2 月份的工业生产数据，具体资料如下。

2017 年 1—2 月份，全国规模以上工业增加值同比实际增长 6.3%，增速较上年 12 月份加快 0.3 个百分点，延续上年以来稳中向好的运行态势。工业生产增速有所加快的主要原因有以下几个方面。

一是工业出口加快。1—2月份，规模以上工业出口交货值同比增长8.8%(上年同期为下降4.8%)，较上年12月份加快4.9个百分点。其中，汽车、电子行业出口交货值同比分别增长18.1%和11.1%，较上年12月分别加快11.1和4.5个百分点。

二是行业面、产品面总体向好。1—2月份，41个工业大类行业中，增速较上年12月份加快或降幅收窄的行业有31个，占比达到75.6%；主要工业产品产量中，增速较上年12月份加快或降幅收窄的产品占比达到55.9%。其中，光电子器件、锂离子电池、工业机器人、SUV和集成电路等新兴产品产量保持了较高的增速，工程机械和载货汽车等产品产量受益于基础设施建设继续保持快速增长。

三是装备制造业和高技术产业支撑作用明显。1—2月份，装备制造业和高技术产业增加值分别同比增长11.9%和12.6%，增速分别高于规模以上工业5.6和6.3个百分点，较上年12月份分别加快1.8和0.4个百分点。

总体来看，今年以来，工业产品供需状况继续改善，工业产品价格总体稳中有升，企业预期向好，呈现新兴产业继续较快增长和部分传统产业有所复苏的良好态势。

在以上这段数据源中，给我们传递的信息量非常大，既有对总体工业生产数据变化的统计，也有对影响工业生产增速加快的原因分析，并且每个方面的分析还有具体的数据。如果不根据分析目的来处理这段资料中的数据，那么有可能导致数据分析的侧重点和方向错误。

当然，将第一手资料处理为适合数据分析样式的数据是最基本的数据处理方法，在数据处理过程中，有时还会对数据进行二次处理，如清理重复数据、检查数据的完整性以及对数据进行计算等，以此来确保数据的正确、完整和有效。

2.2.4　第四步：分析数据以获得有用信息

数据分析是在数据处理的基础上，利用合适的数据分析方法和工具，将处理的数据进行深入分析，从而得到有价值的信息，并形成最终结论的过程。

数据分析的方法和工具很多，数据分析师在进行数据分析之前，首先要根据分析目的选择最合适的数据分析方法，并确定用什么工具来完成，做足准备后，在正式进入到数据分析过程时，才能够从容地进行数据分析和研究。

一般情况下的数据分析工作，直接利用Excel工具就可以完成，如最值数据的分析、筛选符合条件的数据和透视分析数据等，而复杂的数据分析就需要采用专业的数据分析软件来完成。

需要特别说明的是，这里所说的数据分析并不是数据挖掘，虽然二者看起来都是通过已有的数据得到结果，但是二者之间也存在很大的区别，详见表 2-1 所列。

表 2-1　数据分析与数据挖掘的区别

区别项	数据分析	数据挖掘
分析的数据量	数据量不会太大	数据量极大
分析是否有约束	有约束，在进行数据分析之前，首先要提出某个假设，然后按照假设来建立方程或者模型	没有约束，因此在进行数据挖掘时，不需要假设，直接将手上的资料往有用的方向进行收集即可
分析的对象	一般都是数字化的数据	除了数字化的数据，还可以分析声音和图形等
分析的目标	目标清晰	目标不清晰，要依靠挖掘算法来找出隐藏在大量数据中的规则、模式和规律等
分析的结果	分析结果明确	结果不是特别容易解释，因为挖掘出来的数据是对信息的价值评估及其着眼于未来的预测

通过表 2-1 可以发现，数据分析比数据挖掘更简单，作为初学者而言，需要先掌握数据分析，再进一步来学习数据挖掘。

2.2.5　第五步：选择合适的数据呈现方式

数据分析完成后，将其以可视化的方式呈现出来是数据分析师必须具备的能力，那么如何确保数据的呈现方式最合适呢？可以从以下几个方面来考虑。

(1) 工具如何选择。PowerPoint(可缩写为 PPT)、Excel 和 Word 都是不错的展现工具，任意一个工具用好都很强大，但是具体怎么选择还需要看演示场景。一般情况下，在大型会议上展示数据则 PPT 最合适，如果汇报说明则 Word 最实用，数据较多时 Excel 更方便。本书主要介绍如何用 Excel 中提供的各种图形化表达功能来让数据直观和清晰地展示出来。

(2) 受众对象是谁。根据目标对象选择数据的呈现方式，一般而言，领导层喜欢读图、看趋势和要结论，因此数据呈现方式应重点突出结果，而执行层喜欢看数字、读文字和看过程，因此数据呈现方式要注重过程尽量阐述得详细和细致。

(3) 形式有哪些。俗话说"文不如表，表不如图"，图形化的表达是最能让数据直观展示的方式，其表现效果不仅清晰，而且生动，是最容易理解的一种表现形式，如图2-11所示。

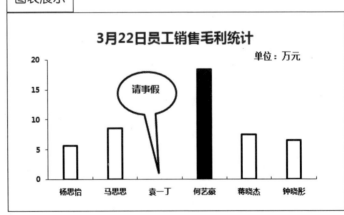

文字资料

2017年3月22日，各员工的销售情况如下：杨思怡的销售毛利为5.678万元；马思思的销售毛利为8.562万元；袁一丁请事假，销售毛利为0；何艺豪的销售毛利为18.321万元，是当天的毛利销售冠军，蒋晓杰的销售毛利为7.483万元；钟晓彤的销售毛利为6.489万元

表格展示

员工	销售毛利
杨思怡	5.678 万元
马思思	8.562 万元
袁一丁	0
何艺豪	18.321 万元
蒋晓杰	7.483 万元
钟晓彤	6.489 万元

图表展示

3月22日员工销售毛利统计

单位：万元

请事假

图 2-11

最重要的一点是，数据展现永远辅助于数据内容，有价值的数据报告才是关键。

2.2.6　第六步：撰写数据分析结果报告

我们平常理解的数据分析工作完成是得到数据分析结果，但是正规情况下，一轮完整的数据分析工作，是以完成数据分析结果报告的撰写为标志。报告写完，即宣告此次数据分析工作完成。

数据分析报告是整个数据分析过程的总结。通过撰写数据分析报告，可以将数据分析工作的起因、采用的数据分析方法和数据分析工具、数据分析的过程、得到的数据分析结果以及根据数据分析结果给出的建议完整地呈现出来，让决策者全方位地了解公司的运营情况，对公司的运营质量进行更准确的评估，从而依据严谨的数据分析结果来制订更科学的运营计划。

以上就是数据分析的全流程，一次科学完整的数据分析工作必须包括这 6 个步骤，在本节中只是对每个过程进行了一个粗略的介绍，在本书的后面将以 Excel 为数据分析工具，按照这个流程详细介绍每个过程涉及的数据分析技术。

2.3　认识数据分析的误区

数据分析过程中也会存在很多的分析误区，要确保数据的正确性和客观性，数据分析师就要避免进入这些分析误区，下面具体来认识一下数据分析有哪些误区。

1. 以点代面进行数据分析导致结果错误

以点代面是指用某一类型的数据代替了全部类型的数据。在进行数据分析时，要切忌用这种以点代面的手段，因为这样得到的数据结果具有片面性，最终得到的分析结果有可能就是错误的。下面通过一个小案例来加深理解。

案例陈述

在第二次世界大战时期，英国空军提出希望增加飞机的装甲厚度的想法，但是考虑到对飞机全部装甲加厚会降低飞机飞行的灵活性，所以最终决定只增加受攻击最多部位的装甲。后来相关工作人员对中弹飞机进行了统计分析，发现大部分飞机的机翼弹孔比较多，所以得到受攻击最多的部位是机翼，最终决定只增加机翼的装甲厚度。而事实上，如果机头中弹的飞机几乎就被摧毁了，并没有飞回来。

上面这个案例就是典型的根据部分数据代替全部数据来分析，正确的统计分析应该是对全部飞机进行分析，损毁的飞机虽然不存在了，但它仍然是全面进行数据分析的重要数据源。缺少了这部分数据，得到的数据结果就会是错误的。

因此，数据分析师在统计数据和分析数据时，一定要时刻想着是否全面考虑了各种问题和情况，只有多考虑多重视这个问题，才能提高分析结果的正确性。

2. 鲜明数据误导我们将偶然因素放大

有些数据分析师在分析数据时，如果分析的某个因素比较鲜明，则会放大这个因素带来的影响，这种分析方法是不正确的。比如你身边有 10 个朋友在炒股，赚钱的有 8 个，是否就说明炒股赚钱的概率就是 80% 呢？其实不然，事实上散户炒股的整体概率是 8 赔 1 平 1 赚，即 80% 的散户炒股是赔钱，只有 10% 的散户炒股在赚钱。

因此，在分析数据时，不能被太过鲜明的偶然事件或者数据所蒙蔽；否则你会忽略背后一直存在的整体概率。当遇到这种情况后，分析师一定要保持冷静，多参考一些历史数据或平均情况，切忌放大偶然因素而轻易做出判断。

3. 把简单问题复杂化

在分析数据时，明明有现成的、简单的且很适用的方法，但是很多数据分析师却不采用，而是把时间花费在数据算法上，如利用回归分析和因子分析等高级分析方法来进行数据分析，他们总觉得有分析模型的才是专业的，结果才可信，从而将简单的问题复杂化。其实不然，高级的数据分析方法不一定是最好的，能够以简单的方法有效解决问题才是最好的。

4. 业务知识与数据分析联系不上

做数据分析工作的人一般是统计学、计算机或者数学专业出身的，对于算法技术非常熟悉，但是他们大多都缺乏从事营销和管理方面的工作经验，在进行数据分析工作时，不能很好地将业务知识与统计分析结合起来，从而导致分析结果都是一些零散的数据，虽然数据分析报告做得很专业，但是实用性不强。

因此，作为数据分析师，要多结合业务方面进行分析，才能得出更加切合实际的数据分析结果，为决策层制订运营计划提供有力的支撑。这也更加说明了合格的数据分析师必须要懂业务和管理。

以上简单介绍了几种常见的数据分析误区。数据分析是复杂庞大的工程，每一个细节都会关系到公司业务的发展，随着业务变化，数据的变化也就增大，遇到的问题也会增多，所以作为数据分析师保持独立思考、不武断，多次验证才是重要的。

了解基本的数据分析指标

数据分析指标是数据分析过程中的重要元素。透过数据分析指标可以帮助数据分析师打开思路，将抽象的分析具体化，从多个角度对数据进行深度解读。

表 2-2 和表 2-3 分别为互联网行业与银行业在进行数据分析时涉及数据分析指标。

表 2-2　互联网行业进行数据分析时涉及的指标

流量类指标	订单产生效率指标	总体销售业绩指标	客户价值类指标	市场营销活动指标	广告投放指标
独立访客数	总订单数量	成交金额	累计购买客户数量	新增访问人数	新增访问人数
页面访问数	访问到下单转化率	销售金额	新客户数量	新增注册人数	新增注册人数
人均页面访问数	—	客户单价	新客户获取成本	总访问次数	总访问次数
—	—	销售毛利	消费频率	订单数量	订单数量
—	—	毛利率	最近一次购买时间	下单转化率	UV 订单转化率
—	—	—	重复购买率	ROI	广告投资回报率

表 2-3　银行业进行数据分析时涉及的指标

业务发展效率指标	业务发展质量指标	业务发展效益指标	资产负债比指标	经营状况类指标	经营成果类指标
个人网上银行客户渗透率	个人网银客户动户率	柜面交易替代情况	备付金比例	流动比率	利润率
企业网上银行客户渗透率	企业网银客户动户率	电子渠道交易/收入占比分析	资产流动性比例	速动比率	资本金利润率
手机银行客户渗透率	手机银行客户动户率	电子渠道交易/收入趋势分析	存贷比例	资本风险比率	成本率
支付宝客户渗透率	自助设备开机率	各支行电子渠道交易/收入排名分析	对流动负债依存率	固定资产比率	各支行电子渠道交易/收入排名分析
银联在线客户渗透率	自助设备空钞率	电子渠道营业概况地理位置分析	中长期贷款比例	—	综合费用率

续表

业务发展 效率指标	业务发展 质量指标	业务发展 效益指标	资产负债比指标	经营状况类指标	经营成果类指标
电话 POS 客户渗透率	自助设备长短款及吞卡数	—	拆借资金比例	—	—
—	—	—	资本利润率	—	—

从表 2-2 和表 2-3 中可以看到，行业划分得越细致，其使用的数据分析指标越具有行业特性，而在本节中，主要是从统计学的角度介绍一些常见的数据分析指标。

2.4.1 平均数指标

一般情况下，提到平均数都是指的算术平均数，又称为均值，它是统计学中最基本和最常用的一种平均指标。算术平均数又分为几何算术平均数和加权算术平均数。下面分别进行介绍。

1. 几何算术平均数

几何算术平均数是指全部数据累加除以数据的个数。例如，某销售小组有 5 名销售员，"五一"节的销售额分别为 5027 元、7654 元、8452 元、6754 元和 15040 元，求该日平均销售额。

平均销售额 =(5027+7654+8452+6754+15040)/5=8585.4(元)

2. 加权算术平均数

加权算术平均数主要用于处理经分组整理的数据。设原始数据被分成 K 组，各组的组中的值为 X_1, X_2, …, X_k，各组的频数分别为 f_1, f_2, …, f_k，加权算术平均数的计算公式为

$$M= \frac{X_1 \times f_1 + X_2 \times f_2 + \cdots + X_k \times f_k}{f_1 + f_2 + \cdots + f_k}$$

例如，某人射击 10 次，其中一次射中 10 环，两次射中 9 环，3 次射中 8 环，4 次射中 7 环，求这个人平均射中的环数。

平均射中的环数 =(10×1+9×2+8×3+7×4)/10=8(环)

2.4.2 频数与频率指标

频数也称为次数，频率又称为相对次数。简单地理解，在一组数据中，每个数据

出现在某个类别中的次数称为频数，而每个数据出现的次数与总次数的比值称为该数据的频率，即表示该类别在总数中出现的频繁程度。下面通过一个案例来进行了解。

案例陈述

随机抽取某城市 30 天的空气质量状况，统计结果如表 2-4 所示，现在要分析在这 30 天中空气质量状况为优的频率是多少。

表 2-4　空气质量状况统计

污染指数 W	40	70	90	110	120	140
天数 t	3	5	10	7	4	1

其中，$W \leqslant 50$ 时，空气质量为优；$50 < W \leqslant 100$ 时空气质量为良；$100 < W \leqslant 150$ 时，空气质量为轻度污染。根据统计表的数据分析出这 30 天空气质量状况如表 2-5 所示。

表 2-5　空气质量状况分析

空气状况	天数	频数	频率
优	3	3	3/30=0.1
良	15	15	15/30=0.5
轻度污染	12	12	12/30=0.4

通过分析可以知道，在这 30 天中，空气质量状况为优的频率为 0.1。

2.4.3　绝对数与相对数指标

绝对数是统计中常用的总量指标，它是反映客观现象总体在一定时间和地点条件下的总规模和总水平的综合指标，是现象"量"的具体表现。

相对数在统计中又称为比例指标，它是指两个有联系的指标对比计算得到的数值，用以反映客观现象之间的数量联系程度。相对数根据相互对比指标的性质和所能发挥的作用不同，又可分为结构相对数、比例相对数、比较相对数、强度相对数、计划完成程度相对数和动态相对数，分别介绍如下。

(1) 结构相对数：将同一总体内的部分数值与全部数值对比求得比例，用以说明事物的性质、结构或质量。

(2) 比例相对数：将同一总体内不同部分的数值对比，表明总体内各部分之间的比例关系。

(3) 比较相对数：将同一时期两个性质相同的指标数值对比，说明同类现象在不同空间条件下的数量对比关系。

(4) 强度相对数：将两个性质不同但有一定联系的总量指标对比，用以说明现象的强度、密度和普遍程度。

(5) 计划完成程度相对数：这是某一时期实际完成数与计划完成数对比，用以说明计划完成程度。

(6) 动态相对数：将同一现象在不同时期的指标数值对比，用以说明发展方向和变化的速度。

下面通过一个案例来详细理解绝对数和相对数概念。

案例陈述

甲和乙来自同一个村子，两人大学毕业后甲选择了在大城市里面打拼，而乙选择了回农村教书。一晃五年过去了，乙始终坚持在自己的教书岗位上，领着每个月800元的工资，即使这样每月还是会拿出200元的工资来资助家庭贫困的孩子或者购买教学用具。

在去学校的路上有一条河，河上没有桥，每逢下雨涨水，乙还会挨个背着孩子们过河上学，五年以来从不间断。甲在大城市也是努力拼搏，五年过去了，也小有成就，赚取了100万元的资产，他捐出了10万元在河上修建了一座桥。后来村民在桥头修了一座石碑以纪念甲的善举。

我们从绝对数的角度来分析这件事，甲付出的是10万元，乙付出的是他五年工资的1/4，一共付出200×12×5=12000(元)，从数据上来看，显然甲的付出比乙的大，因此村民在桥头修石碑纪念甲是合理的。

现在我们再从相对数的角度来分析这件事，甲虽然付出10万元，但仅仅是他全部财富的1/10，虽然乙只付出了12000元，但是这是他全部财富的1/4，除了金钱上的支持以外，在甲修桥之前，乙在孩子们身上付出的精力更多，由此来判定乙的贡献远远大于甲，因此村民在桥头修石碑更应该纪念乙。

在现实的数据分析中，人们往往更多的是以绝对数的角度来分析事情，而忽视那些默默付出的人，这种做法是不全面的。

相对数和绝对数指标像一对龙凤胎儿女，男孩女孩都同样重要，因此数据分析要将绝对数和相对数结合起来综合考虑，这样分析结果才更准确。就如上面的案例，甲和乙都应该值得被纪念，因为他们都付出了，我们无法精确地衡量到底谁付出得更多，因为分析的角度不同，得到的结果就不同。

2.4.4　其他常见数据分析指标

除了前面介绍的一些基本指标以外，还有一些相对比较容易理解的数据分析指标，具体见表 2-6。

表 2-6　其他常见数据分析指标

指标	描述	举例
峰值	增长曲线的最高点 (顶点)	据有关部门预测，中国总人口 2033 年将达峰值 15 亿
拐点	在数学上指改变曲线向上或向下方向的点。在统计学中指趋势开始改变的地方，出现拐点后的走势将保持基本稳定	经过了 2007 年的股市和楼市疯涨后，在 2008 年出现拐点，楼市伴随着股市大跳水
增量	也称增长量，指数值的变化方式和程度	3 增大到 5，则 3 的增量为 +2　3 减少到 1，则 3 的增量为 -2
增速	也称增长速度，是反映社会经济现象增长程度的相对指标，它是报告期增长量与基期发展水平之比	以 2016 年的国民生产总值数字与 2015 年的国民生产总值数字对比以计算这段时间的增速时，2016 年即为报告期，2015 年即为基期
百分比	百分比表示一个数是另一个数的百分之几的数，也叫百分率，通常用于表达其比例关系	0.05 和 0.2 分别是数，可分别转化为百分数，即 5% 和 20%；另外，20% 是 5% 的 4 倍，用百分比表示则是 400%
百分点	用以表达不同百分数之间的 "算术差距" (即差) 的单位	20% 比 5% 多出 15%，用百分点描述为 20% 比 5% 多 15 个百分点
倍数	属于相对数，是指一个数除以另一个数所得的商。倍数一般是表示数量的增长或上升幅度，不适用于表示数量的减少或下降	$A \div B = C$，A 就是 C 的倍数

指标	描述	举例
番数	属于相对数，是指原来数量的 2 的 N 次方	如原始数据为 A，翻一番就是原来数的 $2^1=2$ 倍，即 $A\times 2$；翻二番就是原来数乘以 $2^2=4$，即 $A\times 4$；翻三番就是原来数乘以 $2^3=8$，即 $A\times 8$
比例	属于相对数，是指总体中各部分的数值占全部数值的比例，通常反映总体的构成和结构	技术部共有 20 人，本科学历的员工 12 人，本科以上学历的人 8 人，则本科学历的员工比例为 12 : 20=3 : 5
比率	属于相对数，是指不同类别数值的对比，它反映的不是部分与整体之间的关系，而是一个整体中各部分之间的关系。这一指标经常会用在社会经济领域	技术部共有 20 人，本科学历的员工 12 人，本科以上学历的人 8 人，则本科学历的员工与本科以上学历的员工的比率为 12 : 8=3 : 2
同比	是指与历史同时期进行比较得到的数据，即指与上年的同期水平对比。该指标主要反映的是事物发展的相对情况，其计算公式为：（某个指标的值 – 同期这个指标的值)/ 同期这个指标的值 ×100%	2017 年 3 月公司订单量为 50 笔，2016 年 3 月公司订单量为 38 笔，则订单量同比增长 (50-38)/38×100%=31.6%
环比	是指与前一个统计期进行比较得到的数值，即指与同一年连环的两期对比。该指标主要反映的是事物逐期发展的情况，其计算公式为：（某个指标的值 – 上期这个指标的值)/ 上期这个指标的值 ×100%	2017 年 3 月公司订单量为 50 笔，2017 年 2 月公司订单量为 45 笔，则订单量环比增长 (50-45)/45×100%=11.1%

第 3 章

数据分析方法论和数据分析方法

 **本章要点**

- ◆ 了解数据分析方法论
- ◆ 了解数据分析方法
- ◆ 4P 营销理论：分析公司整体营运情况
- ◆ 用户使用行为理论：分析用户行为
- ◆ PEST 分析法：分析宏观环境
- ◆ 逻辑树分析法：分析专项业务问题

- ◆ 5W2H 分析法：分析任何问题
- ◆ 对比分析法
- ◆ 分组分析法
- ◆ 交叉分析法
- ◆ 综合评价分析法

学习目标

数据分析结果是关乎运营决策是否正确的重要数据依据，如何才能确保数据分析结果的正确性、客观性和实用性呢？这就需要有正确的数据分析方法论和数据分析方法作为指导。这是数据分析过程中很关键的一步，也是影响数据分析工作正常开展的决定性因素。

知识要点	学习时间	学习难度
数据分析方法论和数据分析方法概述	**30** 分钟	★★★
经典数据分析方法论详解	**60** 分钟	★★★★★
常见的数据分析法模型	**60** 分钟	★★★★★

数据分析方法论和数据分析方法概述

在进行数据分析之前，首先需要了解数据分析方法论和数据分析方法，它们是数据分析的重要内容，二者之间有明显的不同，但在某种层面上也存在一定的关联。

3.1.1 了解数据分析方法论

在实际的商务活动中，当数据分析师呈现数据报告给领导时，领导首先询问的是这份报告是基于什么样的数据分析方法论来进行的，如果缺少数据分析方法论，领导是不会花更多的时间来看你的数据分析报告的。由此可见，数据分析方法论在数据分析中的重要性。那么，什么是数据分析方法论呢？

数据分析方法论，简单理解就是数据分析的思路。一般情况下，比较系统的分析思路如图 3-1 所示。

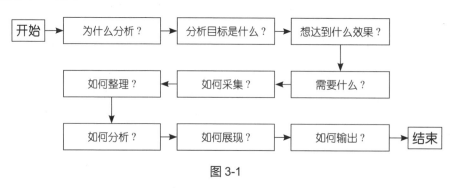

图 3-1

数据分析师在进行一个完整的数据分析过程之前，需要在营销和管理等方面的方法和理论的指导下，结合实际业务情况对数据分析工作进行前期规划，从而确保后期数据分析工作有序地开展。

数据分析的目的越明确，分析越有价值。部分数据分析师在开展数据分析工作之前，往往不知从哪方面入手，不知数据分析的内容和指标是否合理、完整。这就是典型的缺乏数据分析方法论的表现。

那么数据分析方法论到底有什么作用呢？

(1) 理顺分析思路，确保数据分析结构体系化，让数据分析结果的完整性和正确性得以确保。

(2) 把问题分解成相关联的部分，并显示它们之间的关系，逐个部分完成，让数据分析工作内容更清晰。

(3) 为后续的数据分析工作的开展指引正确的方向。

因此，如果缺乏数据分析方法论，整个数据分析过程就缺少一条清晰的主线，在逻辑混乱情况下分析出来的数据，其实用价值几乎没有。

3.1.2　了解数据分析方法

数据分析方法就是指进行数据分析时需要使用的具体分析方法，不同类型的数据分析问题，使用的分析方法也不同。数据分析方法也是指导数据分析按照正确的方向开展的重要因素。

与数据分析方法论不同的是，数据分析方法是站在微观的角度具体针对某一种数据分析问题进行指导，而数据分析方法论则是站在宏观的角度，全局把握这项数据分析工作按照什么样的思路顺序来进行开展。

以上就是从定义的角度来对数据分析方法论和数据分析方法进行的讲解，为了帮助读者更形象地理解到底什么是数据分析方法论和数据分析方法，下面做一个形象的比喻，如图 3-2 所示。

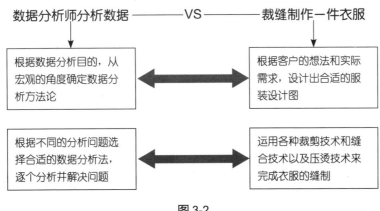

图 3-2

经典数据分析方法论详解

前面已经了解了一般系统的数据分析方法思路，但是细化而言，在进行数据分析时，又需要数据分析师根据不同的人群或分析目的依据更细化的数据分析方法论建立不同的分析模型。

数据分析方法论基于营销方面和管理方面有着不同的理论模型，具体内容如图3-3所示。

常用的数据分析方法论理论模型	
营销方面	管理方面
4P 营销理论	PEST
用户使用行为理论	5W2H
STP 理论	时间管理
SWOT	生命周期
……	逻辑树
	金字塔
	SMART 原则
	……

图 3-3

下面挑选一些经典的数据分析方法论进行详细讲解。

3.2.1　4P 营销理论：分析公司整体营运情况

4P 营销理论产生于 20 世纪 60 年代的美国，它是随着营销组合理论的提出而出现的。该理论将营销要素概括为 4 类，分别是产品、价格、渠道和促销，各类要素的具体内容如下。

(1) 产品 (Product)。公司在研发一款新产品时，需要对产品的性能、特点、外观和包装进行全面考虑和设计。此外，对产品提供的服务以及如何确保产品的质量等都需要进行综合考虑。

(2) 价格 (Price)。其包括基本价格、折扣价格和支付期限等。价格的制定决策关系到公司的利润和成本以及是否有利于产品的销售和促销等问题，因此公司需要根据不同的市场定位来制定不同的价格策略。一般情况下，产品的最高价格取决于市场需求，最低价格取决于产品的成本，公司的产品实际定价需要在最高价和最低价之间，然而，公司能把产品实际价格定位于多高还要取决于竞争者的同种产品的价格。此外，还需要考虑制定的价格顾客是否可以接受。

(3) 渠道 (Place)。渠道是指产品的成品从企业到达用户手上的这个过程之间经历的各个环节。

(4) 促销 (Promotion)。促销是指企业通过改变销售行为来刺激顾客消费，以此实现在短期内促成消费额的增长，要达到促销效果，广告、公关、营业推广和人员推销这些环节都是需要重点考虑的要素。

因此，如果要了解公司的整体运营情况，采用 4P 营销理论来指导数据分析是最合适的。下面通过一个案例来了解该理论在实际数据分析中的具体应用。

案例陈述

海尔集团成立于 1984 年，是全球大型家电第一品牌，目前已从传统制造家电产品的企业转型为面向全社会孵化创客的平台。

以下就是运用 4P 营销理论来分析海尔集团的运营情况。

1. 产品方面

海尔集团根据市场细分的原则，在选定的目标市场内，确定消费者需求，有针对性地研制开发多品种和多规格的家电产品，以满足不同层次消费者需要。

例如，针对江南地区的梅雨天气，该公司研发了"玛格丽特"三合一全自动洗衣机，该产品集洗涤、脱水和烘干于一体，以其独特的烘干功能，迎合了饱受"梅雨"之苦的消费者。

又如，针对北方的水质较硬的情况，该公司研发了气泡式洗衣机，该产品利用气泡爆炸破碎软化作用，提高洗净度 20％以上，受到消费者的欢迎。

2. 价格方面

海尔产品定价的目的是树立与维护品牌和品质形象。具体的定价策略如下。

1) 撇脂定价

撇脂定价即将价格定得相对于产品对大多数潜在顾客的经济价值来讲比较高，

以便从份额虽小但价格敏感性较低的消费者细分中获得利润。

2) 海尔产品定价的原则

产品价格即消费者认可的产品价值；消费者关注产品价值比关注产品价格多得多；真正的问题所在是价值，而不是价格。

3) 品牌影响力

海尔的定价策略还依托于强大的品牌影响力，在每个城市的主要商场都是选择最佳或最大的位置，而且在各种媒体上坚持常年不间断的广告宣传，"海尔"两个字已经成为优质、放心和名牌的代名词，这种价格策略赢得了消费者的心，也赢得了同行的尊重，更赢得了市场。

3. 渠道方面

海尔的渠道组合策略如下。

(1) 采取直供分销制，自建营销网络。由厂商自主独立经营，不通过中间批发环节，直接对零售商供货。具体做法如图 3-4 所示。

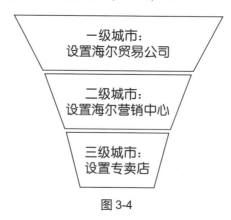

图 3-4

(2) 采取特许经营方式，建立品牌专卖店，并且专卖店采用统一的标识、布置和服务标准，从而确保产品的质量和服务的质量，避免伪劣产品造成的冲击。此外，由于海尔多元化的家电定位，在海尔专卖店中可以有电视机、空调、洗衣机和微波炉等多个品种，避免了其他家电企业专卖店只卖一种电器的情况。

4. 促销方面

1) 品牌广告

广告是品牌传播的主要方式之一，它通过报纸、杂志、电视、户外展示和网络等大众传媒向消费者或受众传播品牌信息，诉说品牌情感，在建立品牌认知、培养品牌动机和转变品牌态度上发挥着重要作用。

例如，"海尔，中国造"这则广告语朴实真挚、掷地有声且铿锵有力，是海尔向世界的宣言，显示出海尔征服国际市场的决心和信心，是海尔向世界名牌挺进的关键一步。

2) 品牌公关

品牌公关是指企业或者品牌通过新闻报道和对社会公共活动的参与而进行的品牌传播，并由此建立品牌与公众的互动关系，从而建立和维系企业的品牌形象。

例如，2001 年海尔向青岛市残疾儿童医疗康复基金会捐赠海尔基金，并设立海尔爱心病房，体现了海尔对社会公益事业的关注。

3.2.2　用户使用行为理论：分析用户行为

一般情况下，数据分析师在对网站用户的行为进行分析时，需要重点分析的数据有以下几个。

(1) 用户的来源地区、域名和页面。

(2) 用户在网站的停留时间、跳出率、回访者、新访问者、回访次数和回访相隔天数。

(3) 注册用户和非注册用户，分析两者之间的浏览习惯。

(4) 用户所使用的搜索引擎、关键词、关联关键词和站内关键字。

(5) 用户选择什么样的入口形式 (广告或者网站入口链接) 更为有效。

(6) 用户访问网站流程，用来分析页面结构设计是否合理。

(7) 用户在页面上的网页热点图分布数据和网页覆盖图数据。

(8) 用户在不同时段的访问量情况等。

(9) 用户对于网站的字体颜色的喜好程度。

面对这些数据，数据分析师应该以什么样的顺序来整理和分析这些数据，各数据之间存在什么关系呢？此时就会用到用户使用行为理论，该理论的用途比较单一，就是单纯针对用户行为进行研究分析。那什么是用户使用行为理论呢？

简单理解，用户使用行为理论是指用户为获取和使用物品或者服务所采取的各种活动，用户对产品首先需要有一个认知和熟悉的过程，然后试用，再决定是否继续消费使用，最后成为忠诚用户。即用户使用行为的完整过程如图 3-5 所示。

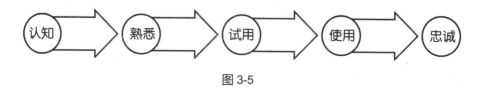

图 3-5

那么针对前面提到的网站用户的行为分析，现在就利用用户使用行为理论来梳理各关键数据之间的关系，从而构建符合公司实际业务的网站分析指标体系，其具体关系如图 3-6 所示。

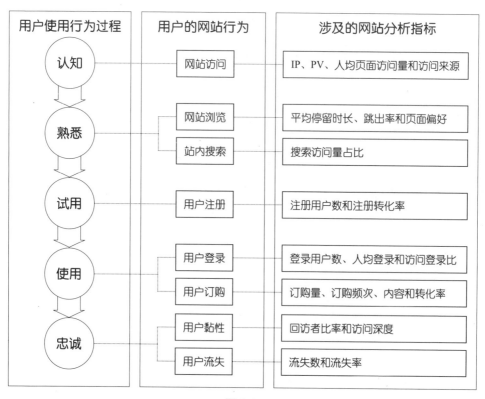

图 3-6

3.2.3　PEST 分析法：分析宏观环境

PEST 分析法是管理方面的理论模型，一般是用来帮助公司审视其外部宏观环境的。宏观环境是指影响一切行业和公司的各种宏观力量。

PEST 分析法主要是通过政治 (Politics)、经济 (Economy)、社会 (Society) 和技术 (Technology) 这 4 个要素来从总体上把握宏观环境，并评价这些因素对企业战略目标和战略制定的影响，下面分别对各要素进行详细讲解，如表 3-1 所示。

表 3-1　PEST 分析法的四大要素

要素	内容阐述	关键指标
政治	政治因素的第一方面是政治力量，当政治制度与体制以及政府对组织所经营业务的态度发生变化时，当政府发布了对企业经营具有约束力的法律和法规时，企业的经营战略必须随之做出调整	政府管制、特种关税、专利数量、政府采购规模和政策、进出口限制、税法的修改、专利法的修改、劳动保护法的修改、公司法和合同法的修改以及财政与货币政策
	政治因素的第二方面是法律环境，主要包括政府制定的对企业经营具有约束力的法律和法规，如反不正当竞争法、税法、环境保护法以及外贸法规等	
经济	宏观经济因素主要指一个国家的国民收入和国内生产总值及变化情况，以及国民经济的发展水平和发展速度	经济形态、可支配收入水平、利率、规模经济、消费模式、政府预算赤字、劳动生产率水平、股票市场趋势、地区之间的收入和消费习惯差别、劳动力及资本输出、财政政策、贷款的难易程度、居民的消费倾向、通货膨胀率、货币市场模式、国民生产总值变化趋势、就业状况、汇率、价格变动、税率以及货币政策
	微观经济因素指企业所在地和所服务地区消费者的收入水平、消费偏好、储蓄情况和就业程度等因素，这些因素直接决定了企业的市场大小	
社会	指组织所在社会中成员的民族特征、文化传统、价值观念、宗教信仰、教育水平以及风俗习惯等因素	人口规模（直接影响着一个国家或地区市场的容量）、性别比例、年龄结构（决定消费品的种类及推广方式）、出生率、死亡率、生活方式、教育状况、购买习惯以及宗教信仰状况等
技术	国家对技术的投资和支持、该技术发展动态和开发费用、商品化速度以及专利及其保护情况	新技术的发明和进展、更新速度、专利个数及保护情况以及国家重点支持项目和研发费用等

　　下面以 PEST 分析方法来看看对于互联网行业应该如何来整理分析思路，搭建分析框架，其具体的分析模式如图 3-7 所示。需要特别说明的是，这里的分析模式并不代表互联网行业的宏观环境分析，只对这几个方面进行分析，分析师需要结合实际情况和公司的具体业务情况进行调整和细化相关分析指标。

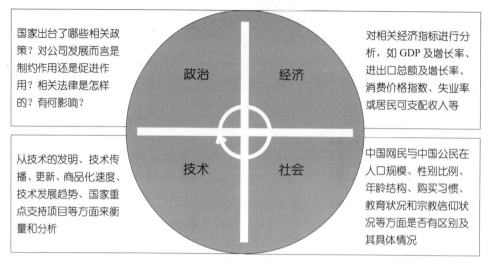

政治
经济
技术
社会

国家出台了哪些相关政策？对公司发展而言是制约作用还是促进作用？相关法律是怎样的？有何影响？

对相关经济指标进行分析，如 GDP 及增长率、进出口总额及增长率、消费价格指数、失业率或居民可支配收入等

从技术的发明、技术传播、更新、商品化速度、技术发展趋势、国家重点支持项目等方面来衡量和分析

中国网民与中国公民在人口规模、性别比例、年龄结构、购买习惯、教育状况和宗教信仰状况等方面是否有区别及其具体情况

图 3-7

3.2.4 逻辑树分析法：分析专项业务问题

逻辑树又称为问题树、演绎树或分解树等。逻辑树分析法是数据分析中最常用的方法论之一。该分析法是将问题的所有子问题分层罗列，从最高层开始，并逐步向下扩展。从而确保解决问题过程的完整性，并且利用逻辑树分析法将工作细分为一些利于操作的细小部分后，可以更加明确各部分的优先顺序以及把责任落实到具体的个人，这样更加有利于数据分析工作的有序开展。

利用逻辑树分析法分析问题主要是针对某项专业的业务问题展开的分析，一般情况下可以有 3 种结构，分别是议题树、假设树和是否树，各种结构的具体介绍如表 3-2 所示。

表 3-2 逻辑树分析法的 3 种结构

结构示意图	描述	作用	适用场合
议题树 （议题1：议题1-1、议题1-2……；议题2：议题2-1、议题2-2……）	将一项事物细分为有内在逻辑关系的副议题	将问题分解为可以分别处理的、有利于操作的多个小块	这种逻辑树结构一般在解决问题的初期使用，因为这时还没有足够的可以形成假设的基础

续表

结构示意图	描述	作用	适用场合
假设树 论据1 论据2 论据3	假设一种解决方案，并列举足够的必需论据来证明或者否定这种假设	可以较早地集中于潜在的解决方案上，从而加快解决问题的进程	这种逻辑树结构一般用在对情况有足够多的了解基础上，并且能够提出合理的假设时
是否树 是 建议1 ? 是 建议2 否 ? 否 建议3	说明可能的决策和相关的决策标准之间的联系	确认对目前要做的决定有关键意义的问题	这种逻辑树结构一般用在对事物及其结构有良好的理解情况下，并且可以将此作为沟通工具

当然，逻辑树分析法也存在不足的地方，即在进行相关问题的分析时，容易遗漏某些问题，因此数据分析师在运用这种方法论来分析数据时，应尽可能把涉及的问题或要素考虑周全一些。例如，现在要分析公司近期利润下降的原因，可以利用逻辑树分析法中的议题树结构将该问题划分为"收入分析""成本分析"和"其他分析"3个副议题，如图3-8所示，当然，这里提供的分析面仅供参考，具体问题公司要根据实际情况进行调整。

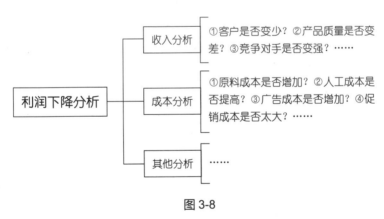

图3-8

3.2.5　5W2H分析法：分析任何问题

5W2H分析法又叫七何分析法，是逻辑思考方法中最容易学习和操作的方法之一，这种数据分析模型对于决策和执行性的活动措施也非常有帮助，如果觉得前面介绍的用户使用行为理论和逻辑树分析法模型运用起来比较困难，完全可以利用5W2H分析法来进行用户行为分析和业务问题专题分析等，而且这种分析法也有助于弥补数据分析师在考虑问题时的疏漏。

5W2H分析法具体是指对研究工作以及每项活动从目的、原因、时间、地点和人员等方面进行设问，然后根据提问的答案找到解决问题的线索，弄清问题所在，从而最终解决问题。5W2H分析法的总框架如图3-9所示。

图 3-9

5W2H分析法每个设问详解如下。

◆ Why——为什么：为什么要这么做？理由何在？原因是什么？为什么造成这样的结果？

◆ What——做什么：目的是什么？做什么工作？

◆ Who——何人做：由谁来承担？谁来完成？谁负责？

◆ When——何时：什么时间完成？什么时机最适宜？

◆ Where——何地：在哪里做？从哪里入手？

◆ How——怎么做：如何提高效率？如何实施？方法怎样？

◆ How much——多少：做到什么程度？数量如何？质量水平如何？费用产出如何？

下面通过案例来了解5W2H方法在实际数据分析中的具体应用。

案例陈述

某公司早期设计了一款产品，现在要利用 5W2H 分析法来检查这款产品的合理性如何，是否存在改进的可能性，其具体搭建的设问分析框架如下。

【Why——为什么】

为什么采用这个技术参数？为什么要做成这个形状？为什么采用机器代替人力？为什么产品的制造要经过这么多环节？为什么非做不可？……

【What——做什么】

条件是什么？哪一部分工作要做？目的是什么？重点是什么？与什么有关系？功能是什么？规范是什么？工作对象是什么？……

【Who——何人做】

谁来办最方便？谁会生产？谁可以办？谁是顾客？谁被忽略了？谁是决策人？谁会受益？……

【When——何时】

何时要完成？何时安装？何时销售？何时是最佳营业时间？何时工作人员容易疲劳？何时产量最高？何时完成最为适宜？需要几天才算合理？……

【Where——何地】

何地最适宜某物生长？何处生产最经济？从何处买？还有什么地方可以作销售点？安装在什么地方最合适？何地有资源？……

【How——怎么做】

怎样做省力？怎样做最快？怎样做效率最高？怎样改进？怎样得到？怎样避免失败？怎样求发展？怎样增加销路？怎样达到效率？怎样才能使产品更加美观大方？怎样使产品用起来方便？……

【How much——多少】

功能指标达到多少？销售了多少？成本是多少？输出功率是多少？效率有多高？尺寸是多少？重量是多少？……

通过上面的设问分析框架，可以比较全面地衡量原有产品的合理性，如果所有设问的答案都还满意，则说明原产品的设计已经很好，不需要做改进。如果有的设问中有一个问题的答案不能令人满意，则说明原产品在这方面还有改进的余地，找到问题后，公司可以针对这方面的改进来提出优化方案，从而落实产品的改进。

3.3 常见的数据分析法模型

在数据分析工作中，要得到最终的数据结果，还必须结合正确的数据分析法。不同的数据分析问题运用的数据分析法也不同，下面具体介绍一些常见问题所需要的数据分析法。

3.3.1 对比分析法

对比分析法也称为比较分析法，它是按照特定的指标将客观事物加以比较，以达到认识事物的本质和规律并做出正确的判断或评价。有比较才能鉴别，单独看一些指标，只能说明总体的某些数量特征，得不出什么结论性的认识；只有经过比较，数据的具体变化才能更加明显。

对比分析方法按分析方向不同可以划分为横向对比和纵向对比，下面分别进行具体介绍。

1. 横向对比

横向对比也称为静态对比，是同一时间条件下不同总体指标比较，如与目标对比和与同级对比等，其具体介绍如下。

1) 与目标对比

与目标对比是指实际完成值与计划值或目标值之间的对比，在任何一个公司，都会在现阶段就将未来的目标制定好，在一定时间段后，将实际完成数据与目标数据对比，从而可以判断目标完成情况。

2) 与同级对比

与同级对比是指与同级的单位、部门或者地区之间进行对比，这样可以更清楚地了解公司在这些单位、部门或者各地区之间处于什么样的水平位置，了解自己与同级之间相比存在的优势和不足，这样才有利于自己更精准地找到公司下一步的发展方向和目标。

2. 纵向对比

纵向对比也称为动态对比，是同一总体条件不同时期指标数值的比较，如不同时期对比和活动效果的前后对比等，其具体的介绍如下。

1) 不同时期对比

不同时期对比是指当前的某个指标的数据与历史中的某个时期的数据进行对比，历史时期中最常用的时期是去年同期 (这种比较称为同比) 或者上个月 (这种对比称为环比)。

2) 前后效果对比

这种比较分析法在分析营销活动方案是否可行方面应用得比较多，通过分析效果的前后对比，可以了解开展的营销活动是否对促进公司发展有作用，如果分析结果能够促进各方面的提升，则方案可行；反之则不可行。

需要说明的是，横向对比和纵向对比既可单独使用，也可结合使用。数据分析师在选择分析方法时应结合具体的问题进行综合考虑，从而提高数据分析结果的科学性和可信度。

另外，在使用对比分析法进行数据分析时，必须要确保采用的标准是相同的，这样才具有对比意义，具体表现在以下两个方面。

(1) 对比分析的项目要有可比性和相关性，否则对比是没有意义的。例如，不能拿一线城市的经济水平与偏远城镇的经济水平进行比较，因为二者差别太大，而且一目了然。对于差距越小的两个地区，它们之间的相似度越多，这种对比才有实际意义。

(2) 对比标准要保持一致，即在进行对比时，所采用指标、范围、计量单位和计算方法等都要一致。例如，北京市 2017 年 2 月的 GDP 数据和上海市 2017 年 3 月的 CPI 数据进行对比，这两个对比的时间范围不同，对比指标也不同，这种对比是根本没有可比性的。

3.3.2　分组分析法

分组分析法是一种重要的数据分析法，它是根据数据分析对象的特征，按照不同的分组标志将一个总体划分为若干个小单位，从而让不同性质的数据分开，让相同性质的数据合并在一起，以方便观察和分析，最终揭示其内在的联系和规律性。

分组分析法根据作用的不同，可以划分为按品质标志分组、按数量标志分组和按相关关系分组，具体描述如表 3-3 所示。

表 3-3　分组分析法的 3 种类型

类型	说明
按品质标志分组	品质标志表示事物的品质属性特征，是不能用数值表示的。品质标志分组分析法就是用来分析社会经济现象的各种类型特征，从而找出客观事物规律的一种分析方法，如将劳动力按性别分组、将资金按来源或流动性分组、将公司按行业划分等
按数量标志分组	数量标志表示事物的数量特征，是可以用数值表示的。数量标志分组分析法是将总体按数量的差异划分为具有不同数值的组成部分，以便反映出各组别在数量上存在的差异。如将员工按年龄范围进行分组、将顾客信息按消费水平进行分组等
按相关关系分组	相关关系分组分析法是用来分析社会经济现象之间依存关系的一种分组分析法，如商品流转额中商品流转速度与流通费用率之间存在着依存关系，工业产品的单位成本、销售总额与利润也呈依存关系等

分组分析法是建立在分组的基础上，因此利用分组分析法来分析数据的关键问题在于正确地选择分组标志和划分各组的界限。选择分组标志是确定将总体划分为若干个单位的标准或依据，而划分各组界限是根据分组标志划定各相邻组间的性质界限和数量界限。

任何一个总体都可以采用许多分组标志进行分组，针对同一个总体，如果采用的分组标志不同，则得到的数据分析结果也会不同。如果分组标志选择不当，不仅不能很好地将总体的基本特征呈现出来，甚至可能将不同的事物混在一起，从而导致数据分析结果的错误。

那么，如何正确选择分组标志呢？可以从 3 个方面来考虑，具体如下。

① 要根据统计研究的目的选择分组标志。

② 必须根据事物内部矛盾的分析选择反映事物本质的分组标志。

③ 结合被研究事物所处的具体历史条件选择分组标志。

此外，在进行分组时，必须遵循两个原则，即穷尽原则和互斥原则，其具体说明如下。

① **穷尽原则**。通过分组后，总体中的每一个单位都应有组可归。

② **互斥原则**。在特定的分组标志下，总体中的任何一个单位只能归属于某一个组，不能出现某些单位同时可以归属于多个组的情况。

3.3.3　交叉分析法

交叉分析法即二维交叉表分析法，又称为立体分析法，是指同时将两个或两个以上有一定联系的变量及其变量值按照一定的顺序交叉排列在一张二维统计表内，使各变量值成为不同变量的结点，从中分析变量之间的相关关系，进而得出科学结论的一种数据分析技术。下面通过一个案例来了解交叉分析法的好处。

案例陈述

下面先看一个商品销售情况，如图 3-10 所示。

店面	商品	利润（元）
紫荆店	产品1	￥　12,590.00
双龙店	产品1	￥　11,850.00
西城店	产品1	￥　18,380.00
荆竹店	产品1	￥　13,830.00
紫荆店	产品2	￥　23,020.00
双龙店	产品2	￥　24,090.00
西城店	产品2	￥　14,370.00
荆竹店	产品2	￥　31,650.00
紫荆店	产品3	￥　29,780.00
双龙店	产品3	￥　29,510.00
西城店	产品3	￥　25,610.00
荆竹店	产品3	￥　27,510.00

图 3-10

在这个表格中，每个店面的每种商品的利润清楚地进行了记录，但是要查看时，由于店面和商品是排列组合的，因此查看还是不直观，比如要查看西城店产品 2 的利润，可以有两种方式。

◆　先在店面列中查找西城店，再比对对应的商品是否为产品 2，如果不是，则继续在店面列查询西城店，再比对对应的商品是否为产品 2，如果是，再在同行读取利润数据为 14370 元。

◆　先在商品列中查找产品 2，再比对对应的店面是否为西城店，如果不是，则继续在店面列查询西城店，总共比对 3 次后找到了西城店，此时再在同行读取利润数据为 14370 元。

此外，在这个表格中，要想查看每个店面的总利润、每种产品所有店面的总利润或者所有店面所有产品的总利润，都需要逐个查找数据，然后利用计算工具进行计算，在这个过程中如果稍微粗心一点，就可能导致数据查找错误或者计算错误，最终得到错误的数据结果。

现在将表格数据用二维交叉表关系进行分析，可以得到如图 3-11 所示的效果。

行				
店面	产品1	产品2	产品3	店面利润合计
紫荆店	¥ 12,590.00	¥ 23,020.00	¥ 29,780.00	¥ 65,390.00
双龙店	¥ 11,850.00	¥ 24,090.00	¥ 29,510.00	¥ 65,450.00
西城店	¥ 18,380.00	交叉结点 00	¥ 25,610.00	¥ 58,360.00
荆竹店	¥ 13,830.00	¥ 31,650.00	¥ 27,510.00	¥ 72,990.00
产品利润合计	¥ 56,650.00	¥ 93,130.00	¥ 11 总计	¥ 262,190.00

图 3-11

在图 3-11 中，通过交叉表分析，可以很容易地了解到以下数据。

◆ 要查看不同店面不同产品的具体利润是多少，直接在列中找到店面数据，在行中找到产品数据，二者的交叉结点就是要查找的目标数据。

◆ 要查看某个店面所有产品的总利润，直接在店面利润合计列中找到相应店面对应的数据。

◆ 要查看某种产品在所有店面的总利润，直接在产品利润合计行中找到相应产品对应的数据。

◆ 在表格右下角位置的数据就是所有产品所有地区的总利润，即图中的"总计"标注位置。

并且，交叉表中的合计数据都是通过公式进行计算的，因此可以避免手动利用计算器计算数据时因为输入错误而导致数据计算结果错误的情况。

3.3.4 综合评价分析法

随着数据分析的广泛开展，分析评价的事物也越来越复杂，单纯地利用前面的一些简单的数据分析法已经不能满足实际的需求。例如，针对某件事情，从这个角度来分析它具有可行性，但是从另一个角度来分析它又不可行。人们通过对实践活动的总结，逐步形成了运用多个指标或者参数对某个事物进行全面综合分析后再做出决策的思路。

其实，无论在现实生活中，还是在经济管理和经济决策中，综合评价问题无处不在，比如某人要买一台电脑，他首先需要将不同品牌的电脑的性能、容量、外观、适用程度以及价格做一个综合比较才能决定购买哪款电脑。又如，某人要进行一项投资计划，他有 4 个选择，分别是买股票、存银行、买企业债券和开公司。在这 4 种投资方式中，他到底会选择哪一种呢？此时他一定会将这些投资方式在安全性、收益性和回收期限等方面进行较为全面的比较才能作出最终决定。从专业的角度来讲，这就是综合评价分析法。

综合评价分析法就是对评价事物的不同侧面的数量特征给出系统的量化描述，并以此为基础，运用一系列数学、统计学和其他定量方法进行适当综合评价，得出反映各评价事物较为真实的综合数量水平的分析方法。该方法的根本目的是要灵敏且全面地区分不同事物之间综合数量的差异，以便领导层做出最正确的决策。

1. 综合评价的五要素

一个综合评价问题必须有 5 个要素，分别是评价主体、评价对象、评价指标、评价指标、权重和综合评价模型。

1) 评价主体

评价主体可以是独立的数据分析个人，也可以是数据分析团体，在整个评价问题过程中，主要职责是给定评价目的、建立评价指标、选择评价模型和确定评价指标权重系数。由此可见，评价主体在评价过程的作用是不可轻视的。

2) 评价对象

在整个综合评价分析过程中，评价对象即是评价主体具体需要分析的客体。在现代经济社会中，各行各业经济统计、技术水平、生活质量、社会发展、环境质量、竞争能力、综合国力和绩效考评等都可以是评价对象。

3) 评价指标

评价指标是表征评价对象各方面特性及其相互联系的可测量或可量化的指标，通常情况下，分析一个问题会使用多个评价指标，每一项指标都是从不同的侧面刻画评价对象所具有的某种特征，这些评价指标就构成了这个分析问题的评价指标体系。

我国针对企业而言的评价指标是从财务效益状况、资产营运状况、偿债能力状况和发展能力状况进行设计，其构成的评价指标体系如表 3-4 所示。

表 3-4　我国工商类竞争性企业的绩效评价指标体系

评价内容	基本指标	修正指标	评议指标
财务效益状况	净资产收益率和总资产报酬率	资本保值增值率、销售利润率（营业利润率）和成本费用利润率	领导班子基本素质和产品市场占有能力（服务满意度）
资产营运状况	总资产周转率和流动资产周转率	存货周转率、应收账款周转率、不良资产周转率和资产损失比率	—
偿债能力状况	资产负债率和已获利息倍数	流动比率、速动比率、现金流动负债比率、长期资产适合率和经营亏损挂账比率	—
发展能力状况	销售（营业）增长率和资本积累率	总资产增长率、固定资产增长率、三年利润平均增长率和三年资本平均增长率	—

4) 评价指标权重

评价指标权重是指在一次评价分析中，某个评价指标在评价指标体系中的重要程度。在进行综合评价时，必须确定各指标的权重。权重的大小实际上反映了某一指标在整个综合评价中的作用。

对于某种评价目的来讲，评价指标相对重要性是不同的，当评价对象和评价指标的值都确定以后，问题的评价结果就完全依赖于权重的取值，因此，合理地确定权重，可以关乎综合评价结果的可信度，甚至影响最后决策的正确性。

例如，对某员工的综合表现进行打分，自我评定打分为 100 分，主管评定打分为 60 分，如果主管的权重为 2，自己的权重为 1，则该员工最终的得分是 (100×1+60×2)÷(1+2)=73.3；如果主管的权重为 1，自己的权重为 2，则该员工最终的得分是 (100×2+60×1)÷(1+2)=86.7。

5) 综合评价模型

数据分析师在使用综合评价分析法分析问题时，都会用到多个综合评价指标，对于这些评价指标，需要通过建立合适的综合评价模型将这些评价指标综合成为一个整体的综合评价指标，最后只将这个综合评价指标作为评价的依据，从而得到相应的评价结果。

2. 综合评价分析法的一般步骤

在利用综合评价分析法来分析问题时，可以按照如图 3-12 所示的步骤来进行。

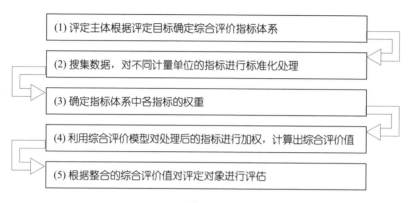

图 3-12

在整个综合评价分析过程中，最关键的两个核心问题就是评价指标的选择和评价指标权重的确定。下面分别针对这两个问题进行介绍。

3. 评价指标的选择

为了使评价指标体系更加科学化和规范化，评价主体在构建指标体系时应遵循一定的原则，下面介绍一些常见的原则，如表 3-5 所示。

表 3-5　评价指标的选择原则

原则	描述
目的性原则	务必确保评价指标具有一定的目的性，尽可能准确反映出评价对象的特征，绝不能将与评价对象和评价内容无关的指标选进来
全面性原则	选择的指标尽可能覆盖评价的内容，如果有所遗漏，评价结果就会出现偏差
整体性原则	各指标之间要有一定的逻辑关系，它们不但要从不同的侧面反映出评价对象的主要特征和状态，而且还要反映相互之间的内在联系，使得各指标之间相互独立又彼此联系，共同构成一个有机的整体
可比性原则	在选择评价指标时，要注意在总体范围内的一致性，指标体系的构建是为评价对象服务的，因此指标选取的计算量度和计算方法必须一致，这样才有可比性

续表

原则	描述
切实可行原则	切实可行通俗点讲就是指标的可操作性，选择的评价指标应尽量简单明了、便于收集，有些指标虽然很合适，但无法得到，这就不切实可行，缺乏可操作性。此外，选择指标时也要考虑能否进行定量处理，以便于进行数学计算和分析
简要性原则	简要性原则主要有 3 点具体的要求，第一，确定的评价指标不能过多过细，这样可以避免出现使用的指标过于烦琐和相互重叠的情况；第二，评价指标不能过少过简，因为过少过简的指标容易造成信息遗漏，出现错误和不真实的现象；第三，数据易获且计算方法简明易懂

在按一些原则确立指标体系后，这些量都是可以观察和测量的。在这个基础上，可以用统计分析中的方法来选出一部分，它们有很好的代表性，可使综合评价时工作更容易些。指标筛选的基本方法有很多，这里只介绍一种比较常见的方法——德尔菲法。

德尔菲法又称为专家规定程序调查法，其基本思想就是向专家请教，征求专家意见，经过多次征询，待专家意见比较一致以后，评价者再根据专家意见结合评价项目和评价对象的特征确定指标体系。该方法具体的实施步骤如图 3-13 所示。

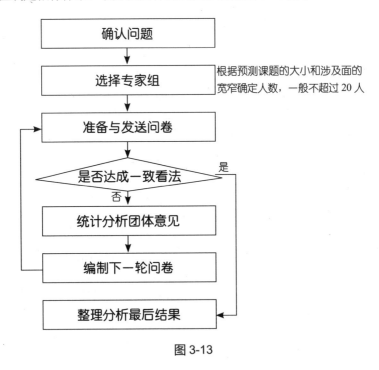

图 3-13

利用该方法挑选指标时，需要注意以下几点。

(1) 挑选的专家应有一定的代表性和权威性，而且要对企业内外部情况非常了解。这里的专家不一定特指是外请的专家，也可以是第一线的管理人员或者企业的高管。

(2) 由于专家之间存在身份和地位上的悬殊以及其他社会原因，有可能使其中一些人因不愿批评或否定其他人的观点而放弃自己的合理主张。为了防止这种情况出现，尽量采用匿名方式通过函件进行交流，必须避免专家之间进行面对面的集体讨论。

(3) 在进行预测之前，要充分与专家和组织高层进行沟通，取得他们的充分支持，才能确保每次的预测都能顺利开展，并且专家团队的支持还是提高预测有效性的保障。

(4) 问题要集中，要有针对性，不要过分分散，以便使各个事件构成一个有机整体；问题要按等级排队，先简单后复杂、先综合后局部，这样容易引起专家回答问题的兴趣。

(5) 发送的问卷应该措辞准确，不能引起歧义；征询的问题一次不宜太多，不要问那些与预测目的无关的问题；列入征询的问题不应相互包含。

(6) 所提的问题应是所有专家都能答复的问题，而且应尽可能保证所有专家都能从同一角度去理解。

(7) 提供给专家的信息应该尽可能充分，以便其作出判断，对于专家需要的其他资料应尽快准备并提供。

(8) 调查单位或领导小组意见不应强加于调查意见之中，要防止出现诱导现象，从而影响专家的判断。

(9) 进行统计分析时，应该区别对待不同的问题，对于不同专家的权威性应给予不同权数而不是一概而论。

(10) 只要求专家作出粗略的数字估计，而不要求十分精确。但可以要求专家说明预测数字的准确程度有多高。

4. 评价指标权重的确定

评价指标权重是评价分析的难点也是关键点，因为各个指标不同的权重会导致不同的评价结果。因此，在确定评价指标权重之前，需要先来了解一下确定权重的原则是什么，具体见表 3-6。

表3-6　确定评价指标权重的原则

原则	描述
系统优化原则	确定指标权重时，不能只从单个指标出发，而是要处理好各评估指标之间的关系，合理分配它们之间的权重。应当遵循系统优化原则，把整体最优化作为出发点和追求的目标
针对性原则	考评对象的特征决定了某个评价指标对于该对象整体工作的影响程度，不同的岗位其不同考评维度的权重应该是不一样的
目标导向原则	评价指标权重的确定必须要以实际目标导向为基础，不能凭主观意识觉得它重要，就将该指标的权重设置得很大。因此，在确定权重时应客观考虑的因素有以下几个：①历史的指标权重和现实的指标权重；②社会公认的和企业的特殊性；③同行业和同工种间的平衡
群体决策原则	不同的人对同一件事情都有各自不同的看法，要确保评价指标权重的合理性和有效性，这就需要实行群体决策的原则，集中相关人员的意见互相补充，形成统一的方案

知识补充｜群体决策原则的好处

实行群体决策原则的好处有以下几点：①考虑问题比较全面，使权重分配比较合理，防止个别人认识和处理问题的片面性；②比较客观地协调了评价各方之间意见不统一的矛盾，经过讨论、协商、考察各种具体情况而确定的方案，具有很强的说服力，预先消除了许多不必要的纠纷；③这是一种参与管理的方式，在方案讨论的过程中，各方都提出了自己的意见，而且对评价目的和系统目标都有进一步的体会和了解，在日常工作中，可以更好地按原定的目标进行工作。

针对评价内容选定评价指标后，确定各指标权重的方法有很多种。具体可以分为两个派系，分别是主观赋权法和客观赋权法。

◆ **主观赋权法**。在数据采集前，专家通过知识和经验，从主观的角度来给评价指标设置权重，但是这个权重值也不是随意设置的，都是专家长期实践得到的，从某种程度上来讲也是以客观事实为基础的。常用的主观赋权法有专家直观判定法和层次分析法等。

◆ **客观赋权法**。在采集数据后，根据具体的数据来计算评定指标的权重值，因此这个权重值完全由调查所得的数据决定。常用的客观赋权法有主成分分析法、熵技术法、均方差法及目标规划法等。

通过主观赋权法来确定的评价指标权重反映了决策者的意向，其评价结果具有很大的主观随意性。而通过客观赋权法确定的评价指标权重是根据精准的统计学理论计算出来的，但这仅仅是以数据说话，忽视了专家的知识和经验，有时会出现权重不符合实际情况的现象。因此这两种方法都具有一定的局限性。

所以，为了确保分配的评价指标权重的科学性和合理性，可以先以主观赋权法来确定各指标的权重，在搜集到足够的数据后利用客观赋权法从客观数据的角度来计算评定指标的权重，最后利用合理的数学方法将主观赋权法得到的权重和客观赋权法得到的权重进行统一。

由于客观赋权法比较复杂，操作起来也比较麻烦，在本书中不作介绍，这里只对主观赋权法中的常用方法进行简单介绍。

1) 专家直观判定法

专家直观判定法是确定评价指标权重最简单的一种方法，这种方法主要依据评价主体的经验以及对各项评价指标重要程度的认识，或者从引导意图的角度出发来对各个评价指标的权重进行分配。

由于这种方法得到的权重值往往带有片面性，但是因为这种方法所花费的时间和精力比较少，因此适合用在比较简单的业绩评价工作中。但是在使用该方法确定指标权重时，需要注意一定要将存在利益冲突的各方召集起来进行充分的讨论，以此来平衡利益冲突方的不同意见，避免独断专行的专制行为。

2) 层次分析法

层次分析法(AHP 法) 是美国运筹学家匹茨堡大学教授萨蒂 (T.L.Saaty) 于 20 世纪 70 年代初，为美国国防部研究"根据各个工业部门对国家福利的贡献大小而进行电力分配"课题时，应用网络系统理论和多目标综合评价方法，提出的一种层次权重决策分析方法。

层次分析法具体是指将定量分析与定性分析结合起来，用决策者的经验来衡量各评价指标之间的相对重要程度，通过判断矩阵计算出相对权重，最后通过权重来求出各方案的优劣次序。

运用层次分析法构造系统模型时，大体可以分为 4 个步骤，即建立层次结构模型、构造判断矩阵、层次单排序及其一致性检验和层次总排序及其一致性检验。其中，建立层次结构模型是关键一步，要有主要决策层参与；构造判断矩阵是数量的依据，由经验丰富且判断力强的专家给出。

从建立层次结构模型到给出成对比较矩阵，人们的主观因素对整个过程的影响很大，这就使得结果难以让所有的决策者接受。要克服这个缺点，可以让多个专家组成一个群体，共同做出判断。

在 4 个步骤中，由于层次单排序及其一致性检验和层次总排序及其一致性检验相对而言比较烦琐和复杂，在本书中不做详细介绍。下面仅对层次分析法中受主观因素影响较大的第一步和第二步进行简单介绍 (也正是因为这两个步骤的主观性，将层次分析法确定权重归类于主观赋权法)。

第一步：建立层次结构模型

建立的层次结构模型主要有 3 层，分别是最高层、中间层和最低层，各层次的说明如下。

◆ **最高层**：即目标层，表示解决问题的目的，即层次分析要达到的总目标。通常每个层次结构模型只有一个最高层，即只有一个总目标。

◆ **中间层**：表示采取某种措施、政策和方案等实现预定总目标所涉及的中间环节；中间层不仅仅只有一层，根据每个目标不同可以包括准则层、指标层、策略层和约束层等。

◆ **最低层**：即方案层，表示将选用的解决问题的各种措施、政策和方案等。通常有几个方案可选。

层次分析法所要解决的问题是关于最低层对最高层的相对权重问题，如针对大学生就业选择问题制定的层次结构模型如图 3-14 所示。

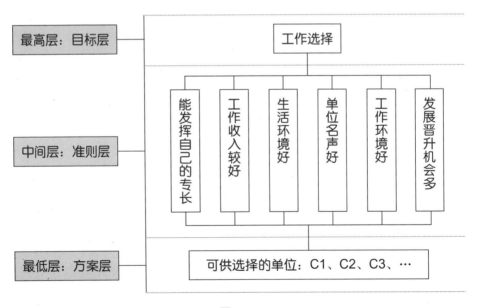

图 3-14

又如，针对科研课题的选择制定的层次结构模型如图 3-15 所示。

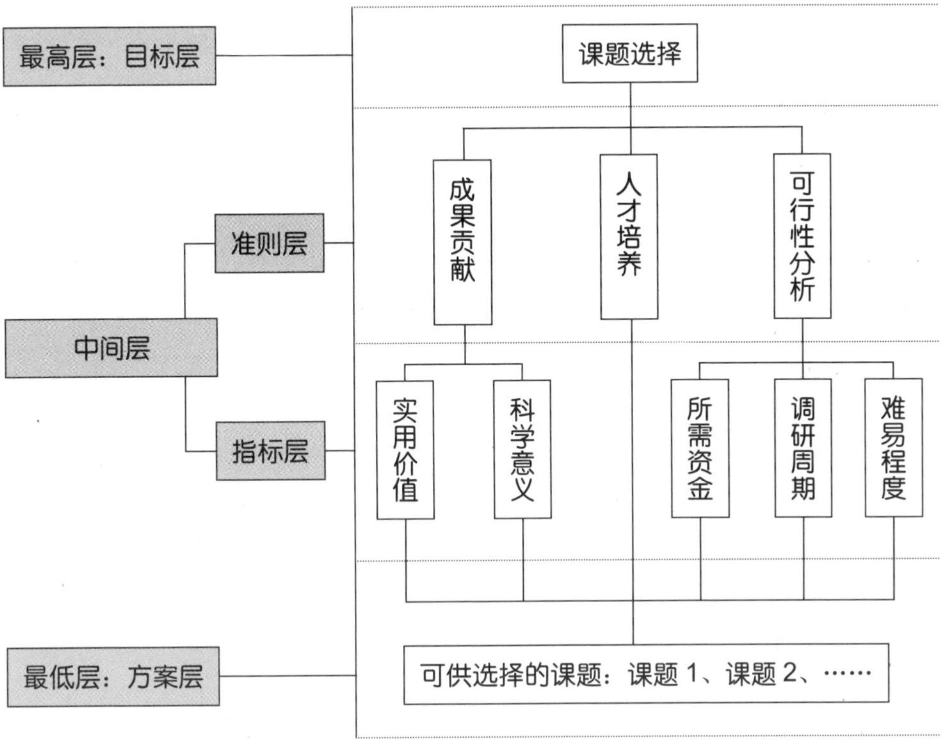

图 3-15

第二步：构造成对比较矩阵

判断矩阵是表示本层所有因素针对上一层某一个因素的相对重要性的比较，在构造矩阵之前，首先需要确定定量的标度。标度是指在感官检验中，将感官体验结果进行量化的数字，通过这种数字化的处理，可以让感官评价成为基于统计分析、模型和预测等理论的定量科学。表 3-7 所示为萨蒂给出的 1～9 的标度方法。

表 3-7　成对比较中因素比较的标度方法

标度	描述
1	表示两个因素相比，具有同样重要性
3	表示两个因素相比，一个因素比另一个因素稍微重要
5	表示两个因素相比，一个因素比另一个因素明显重要
7	表示两个因素相比，一个因素比另一个因素强烈重要

标度	描述
9	表示两个因素相比，一个因素比另一个因素极端重要
2、4、6、8	上述两相邻判断的中值

虽然标度是给定的，但是评价两个因素相比的重要程度就有很大的主观性。例如，在大学生就业选择问题中，针对"能发挥自己的专长"因素相对于"工作收入较好"因素的重要性，有的认为同样重要，有的认为前者比后者稍微重要，有的认为后者稍微比前者重要……不同的重要性，最后的标度就不一样，根据标度来计算的权重也就不一样，从而导致最后的分析结果也不一样。

第 4 章
准备数据是数据分析的第一步

本章要点

- ◆ 导入文本文件数据
- ◆ 导入 Access 数据
- ◆ 导入网站数据
- ◆ 导入 SQL Server 数据
- ◆ 导入 XML 数据
- ◆ 快速录入表格数据的技巧

- ◆ 特殊数据的输入方法
- ◆ 数据来源的有效性设置
- ◆ 数据的编辑与修改
- ◆ 数据的批量修改
- ◆ 利用字体格式提升专业性

学习目标

数据收集、数据处理及数据分析的对象是数据，所以进行数据分析的第一步就是准备好必要的数据，这也是非常重要的一步。本章将主要介绍数据的获取、录入及整理等内容。

知识要点	学习时间	学习难度
直接获取外部数据源	**25** 分钟	★★
手工录入数据的方法	**30** 分钟	★★
问卷调查数据的录入要求	**35** 分钟	★★★
手动整理数据要快而准	**50** 分钟	★★★★
优化待分析的数据显示效果	**35** 分钟	★★★

直接获取外部数据源

需要进行分析的数据并不是都直接保存在 Excel 中的，尤其对于第一手资料，其存在方式很多，如以文本文件存在和以纸质问卷调查单存在等。下面将介绍如何将这些外部数据导入到 Excel 中。

4.1.1 导入文本文件数据

在日常工作中，常常会遇到各种文本文件，如网上下载的数据资料和会议中的数据记录等。由于工作的需要，往往要对文本文件中的大量数据进行分析，此时就可以利用 Excel 来进行操作。通过导入数据的方法可以很方便地使用外部数据，不仅在许多时候可以免去重新手动输入文本的麻烦，还可以提高数据创建的正确性和高效性，其操作方法如下。

在需要导入数据的 Excel 工作表中单击"数据"选项卡，在"获取外部数据"选项组中单击"自文本"按钮。在打开的"导入文本文件"对话框中选择目标文本文件，如这里选择"员工档案管理表"，然后单击"导入"按钮，如图 4-1 所示。

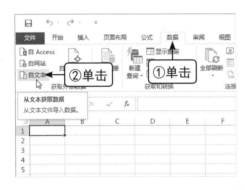
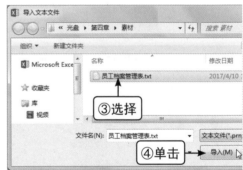

图 4-1

在启动的"文本导入向导"对话框中，选择合适的文本类型，这里选中"分隔符号"单选按钮，然后单击"下一步"按钮。在打开对话框的"分隔符号"栏中选择文本文件中数据的分隔符号，这里选中"Tab 键"单选按钮，在"数据预览"列表框中即可看到当前设置导入的数据效果，然后单击"下一步"按钮，如图 4-2 所示。

文本文件数据的导入可以分为两种方式,分别是按"分隔符号"导入和按"固定宽度"导入。如果文本文件中包含合理的分隔符,如逗号、制表符、分号、空格或其他可作用分隔符的特殊符号,则可以选择使用"分隔符号"导入方式;如果文本文件中没有固定的数据结构,则可以选择使用"固定宽度"导入方式,不过这种方式导入的数据可能在单元格中出现混乱。

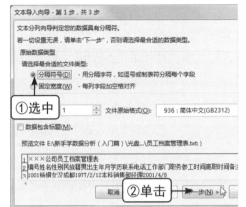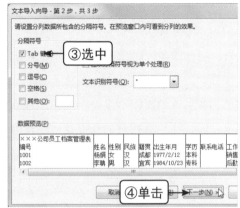

图 4-2

在打开的对话框的"数据预览"列表框中可选择不同的数据列,在"列数据格式"栏中可以设置当前选择列的数据格式,这里选中"常规"单选按钮,设置完成后单击"完成"按钮。在打开的"导入数据"对话框中设置数据存入的单元格,然后单击"确定"按钮即可完成操作,如图 4-3 所示。

如果在"列数据格式"栏中选中了"不导入此列(跳过)"单选按钮,则表示当前的整理数据将不会从文本文件中导入到 Excel 工作表中。

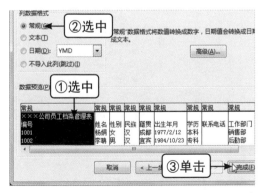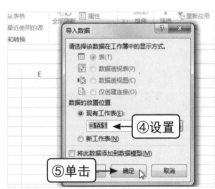

图 4-3

4.1.2 导入 Access 数据

不管是大企业还是小公司，每天都会有大量的数据产生，为了保证这些数据的有效性，很多公司都会将这些数据保存到数据库中。Microsoft Office Access 作为 Microsoft Office 系列软件的成员之一，以其强大的数据库管理功能，成为许多中小型信息管理系统的首选开发工具，应用十分广泛。

对于非专业人士而言，他们对 Aceess 的熟悉程度远远不如 Excel，因为 Excel 界面直观，操作简便，通过菜单栏就能实现大部分功能，直接使用 Excel 就可以进行数据分析操作。如果想要通过 Access 对数据进行熟练的操作，就必须对数据库知识有一定的理解，数据库的操作不仅复杂，还涉及许多的函数。因此，许多人在处理 Access 数据库文件时，往往不知道如何查找或统计出想要的结果。如果能将 Access 数据库中的数据转化到 Excel 表格中，实现与外部数据共享，将会大大提高办公数据的使用效率。

要想将 Access 数据库中的数据导入 Excel 表格中进行处理与分析，首先需要将 Access 源数据保存并关闭，或者利用一个已经存在的数据库。例如，想要将人事管理数据库文件中的数据导入到 Excel 工作表中进行分析，其具体操作方法如下。

在需要导入数据的 Excel 工作表中单击"数据"选项卡，在"获取外部数据"选项组中单击"自 Access"按钮。在打开的"选取数据源"对话框中选择要导入的数据库文件，然后单击"打开"按钮。在打开的"导入数据"对话框中选择数据放置的位置，单击"确定"按钮，如图 4-4 所示。

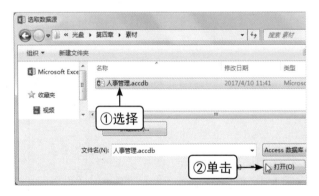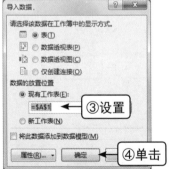

图 4-4

如果当前导入的 Access 数据库文件中包含有多张工作表，则在导入过程中会出现"选择表格"对话框，此时就需要在中间的列表框中选择要导入数据的目标工作表，完成后就会打开"导入数据"对话框，然后采用与前面相同的方式进行操作即可。

4.1.3　导入网站数据

很多时候，除了对本地数据进行分析外，还需要对网络数据源进行分析，如股票行情、产品明细及公务员招聘岗位信息等。这些数据主要来自网站，如果想要收集网站数据并用 Excel 来分析的话，是不是需要把网站上的数据一个一个地手动输入到 Excel 中呢？

其实，在当前计算机能够正常联入互联网的前提下，利用 Excel 可以非常方便地将网站数据导入到工作表中，并可根据当前页面的框架结构自动确定数据导入到工作表中的排列方式。使用 Excel 导入网站数据，不仅能够快速地获取数据，还能够做到与网页内容同步更新。现在需要对 2012—2016 年国内生产总值 (GDP) 进行分析，此时可以通过 Excel 在东方财富网中获取国内生产总值 (GDP) 的相关数据，其具体操作如下。

1. 导入无格式的网站数据

在需要导入数据的 Excel 工作表中单击"数据"选项卡，在"获取外部数据"选项组中单击"自网站"按钮。在打开的"新建 Web 查询"对话框，在"地址"组合框中输入要引用的网站地址，单击"转到"按钮，在中间列表框中打开页面后，单击需要导入数据区域左上角的☑按钮选择数据区域，然后单击"导入"按钮。在打开的"导入数据"对话框中设置数据存放的位置，然后单击"确定"按钮即可，如图 4-5 所示。

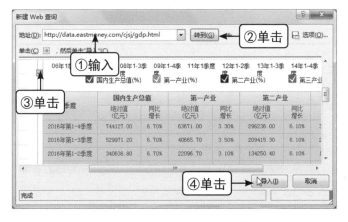

图 4-5

2.导入有格式的网络数据

在完成数据导入后，许多人可能会觉得不方便查看数据。因为默认情况下，导入Excel中的网站数据只保留了文本内容，而没有保留字体格式，这就和在网中查看的数据排列方式与字体样式等存在差异。

如果想要导入带格式的网站数据，则可以在打开的"新建Web查询"对话框的右上角单击"选项"按钮。在打开的"Web查询选项"对话框的"格式"栏中选择相应的选项，单击"确定"按钮，如图4-6所示，再执行网站数据导入操作。

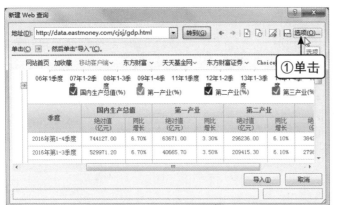

图 4-6

值得注意的是，虽然网站中的许多数据是通过图片来展示的，但是无论以何种格式将网站数据导入到Excel工作表中，这些图片都不能直接导入到Excel工作表中。

知识补充 | 如何更新网站中导入的数据

由于网站中的数据都是动态变化的，为了保证导入表格中的网站数据可以保持到最新状态，就需要对其进行更新。更新数据的方式主要有3种，分别是即时刷新、定时刷新与打开文件时定时刷新。

即时刷新是指在Excel工作表中单击"数据"选项卡，在"连接"选项组中单击"全部刷新"下拉按钮，在下拉列表中选择刷新方式即可。

定时刷新或打开文件夹刷新是指在Excel工作表中的数据上，单击鼠标右键，选择"数据范围属性"快捷菜单命令，打开"外部数据区域属性"对话框。如果在该对话框中选中"刷新频率"复选框，并设置分钟数，就能使数据实现定时刷新；如果在该对话框中选中"打开文件时刷新数据"复选框，则实现打开文件时数据自动刷新。

4.1.4　导入 SQL Server 数据

对于许多公司而言，都有用于管理大量数据的数据库。公司要对数据进行管理，除了常用的 Access 数据库外，SQL Server 数据库也是不错的选择。SQL Server 是一个功能强大的数据库管理系统，很多公司的内部数据都存储在 SQL Server 数据库中。但想要对 SQL Server 数据库中的数据进行分析，最简单的方式还是要将其导入到 Excel 工作表，从而使数据看上去更加直观，分析起来也更加轻松。

在需要导入数据的 Excel 工作表中单击"数据"选项卡，在"数据"选项卡的"获取外部数据"选项组中单击"自其他来源"按钮，选择下拉菜单中的"来自 SQL Server"命令。进入"连接数据库服务器"界面，在"服务器名称"文本框中输入数据库服务器的地址，根据实际情况设置登录凭据信息，然后单击"下一步"按钮，如图 4-7 所示。

 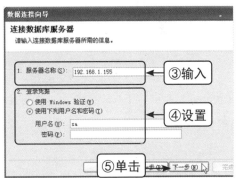

图 4-7

数据库连接成功后，在打开的"选择数据库和表"对话框的"选择包含您所需的数据的数据库"下拉列表框中选择目标数据库选项，在中间的列表框中选择包含要使用数据的表格选项后，单击"下一步"按钮。在打开的"保存数据连接文件并完成"对话框的"文件名"文本框中输入数据连接保存的文件名，在"说明"文本框中输入关于本次连接的说明文本，单击"完成"按钮，如图4-8所示。然后在打开的"导入数据"对话框中选择数据显示和方式的位置后，单击"确定"按钮即可完成数据导入。

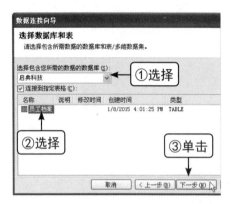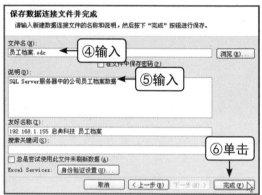

图 4-8

在导入数据的过程中，只要数据库连接成功后，就可以单击"完成"按钮完成数据库的导入。同时，Excel也会自动将连接以默认的名称保存在"我的文档\我的数据源"目录下。

4.1.5 导入 XML 数据

许多网站会选择将 XML 作为数据交换的文档，原因在于 XML 可以跨平台工作，它包括了从 XML 文档中获取数据和将数据转化为 XML 文档两个方面。在 Excel 中嵌入有 VBA 功能，该功能就能完成这样的工作，通过建立映射既能从 XML 中获取数据并在 Excel 中显示，也可以通过映射将工作表中的数据转化为 XML 文档。此时，就大大方便了数据分析工作者对网站内一些数据的管理、统计和分析。

虽然可以通过第三方高级应用软件或者平台导出 XML 文件数据，然后转换成表格来读取 XML 文件中的数据。但是这些软件或平台要么过于专业，操作起来比较复杂，要么就是需要花钱购买，成本较高。此时，Excel 就成了最好的选择，因为它不仅操作简单、成本低，而且可以很好地完成数据读取过程。

如果用户要将单个 XML 文件中的数据导入到 Excel 工作表中，那么可以在"数据"选项卡中单击"自其他来源"按钮，选择下拉菜单中的"来自 XML 数据导入"命令，在打开的"选择数据源"对话框中选择要导入到的 XML 文件，单击"打开"按钮。在打开的"导入数据"对话框中设置数据的放置位置，然后单击"确定"按钮即可，如图 4-9 所示。

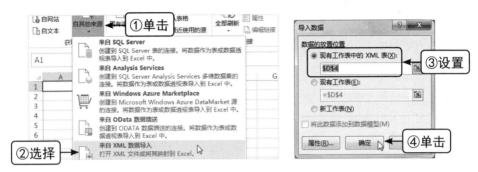

图 4-9

导入 XML 数据时，在打开的"导入数据"对话框中，数据的放置位置有 3 个选项，即"现有工作表中的 XML 表""现有工作表"和"新工作表"。其中，选中"新工作表"单选按钮，即将导入的 XML 文件数据存放到新的工作表中；选中"现有工作表中的 XML 表"和"现有工作表"单选按钮都可以将数据导入到已经存在的工作表的指定单元格中，它们的主要区别如下。

- **现有工作表中的 XML 表**：选中"现有工作表中的 XML 表"单选按钮，Excel 会自动判断 XML 文件的框架结构，将数据以正确的标题和表格结构导入到 Excel 工作表中，导入的数据被自动转化为表格。
- **现有工作表**：选中"现有工作表"单选按钮，Excel 将 XML 文件数据以文本文件的方式导入，原标题和表格结构等数据可能出现错误，且导入的数据不会被自动创建为表格。

手工录入数据的方法

如果需要对一些会议数据、市场调查数据及纸质档案数据等进行分析，而这些数据并没有在一些固定的电子文件中，该怎么做呢？此时，就只能手工来录入数据。

4.2.1 快速录入表格数据的技巧

因为工作的需要，许多人常常需要在 Excel 中分析和处理大量的数据，但让人感到头疼的就是数据的录入。因为很多职场人士并不是专业的数据录入员，所以他们的录入速度并不高，进而不得不常常加班加点地干，这样才能勉强完成公司安排的任务。

其实，在 Excel 中录入数据的过程中，常常会遇到一些相同或具有一定规律的数据，如产品序列号和员工编号等。如果数据较少，则可以直接手动录入；如果数据较多时还选择手动慢慢录入，这不仅使工作效率低下，还容易产生录入错误。若是表格中出现错误数据，将严重影响后期的数据分析，并使数据分析者做出错误的商业判断。那么，如何避免这些情况的发生呢？此时，就需要掌握一些快速录入表格数据的技巧，如利用控制柄填充数据、利用记忆功能输入数据及利用记录单功能输入数据等，利用这些技巧可以轻松高效地完成数据的录入工作。

1. 利用控制柄填充数据

1) 利用控制柄填充相同数据

在录入数据时，如果 Excel 工作表的某行或某列单元格的数据相同，如人力资源管理者录入员工所属部门、销售人员录入同一品种且不同品名的产品销售数量等，此时可以利用 Excel 的控制柄功能来实现，即通过拖动控制柄快速填充单元格。

某公司为了对部门办公用品进行分析，特别制定了"办公用品领用记录表"，在该工作表中需要录入市场部 2016 年 9 月领取的办公用品数据，进而对市场部的办公用品数据进行分析，从分析结果中不仅可以查看出本月数据是否正常，还能为其做好下一个月的办公用品预算。不过，在录入部门时会重复输入"销售部"，为了提升工作效率，可以使用控制柄来填充相同数据，其具体操作如下。

在要输入数据的单元格区域的第一个单元格中输入数据，如销售部，然后将光标移动到单元格边框右下角，当光标变成+的控制柄形状时，按住鼠标左键向下拖动填充柄，即可在该列的其他单元格中填充相同的数据，如图 4-10 所示。

图 4-10

2) 利用控制柄填充有规律的序列数据

在录入员工编号和产品代码等有规律的数据时，也可以利用填充柄功能来快速实现，此操作方式与利用控制柄填充相同数据类似。也就是按住鼠标左键拖动已经录入起始数据单元格的控制柄，到所需位置时释放鼠标，单击单元格区域右下角的"自动填充选项"按钮，在弹出的下拉列表中选中"填充序列"单选按钮，即可在相应单元格中自动填充数据。

2. 利用记忆功能输入数据

在 Excel 中录入数据时，除了可以通过填充柄来快速填充数据外，还可以利用记忆功能来实现。也就是说，如果需要在同列相邻的单元格中录入相同的数据，则可以只录入前面数据的第一个数据，Excel 会自动显示与该数据相邻的其他数据，并以黑色的选中状态覆盖其他数据。此时，只要按 Enter 键即可直接输入相同的数据。当然，如果不需要输入相同的数据，可以忽略这样的提示，继续输入其他文本即可。

有的用户可能觉得该功能比较实用，于是想在 Excel 中录入数据时准备利用该功能来提高工作效率。但是在实际操作中，系统并没有进行记忆式输入，这是 Excel 软件出现问题了吗？当然不是，只是因为没有启用记忆式输入的功能而已。此时，只需要打开"Excel 选项"对话框，在"高级"选项卡的"编辑选项"栏中选中"为单元格值启用记忆式键入"复选框即可，如图 4-11 所示。

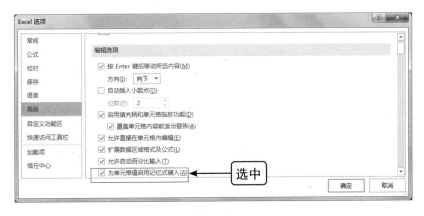

图 4-11

3. 利用记录单功能输入数据

在字段比较多、记录比较多的表格中录入数据时，用记录单功能最合适，这样不仅节省时间，还可以避免错位输入数据。利用记录单功能可以方便逐行输入数据，并查看各行数据。

默认情况下，记录单功能不在 Excel 功能区中。此时，需要用户打开"Excel 选项"对话框，在"快速访问工具栏"选项卡的"从下列位置选择命令"下拉列表框中选择"不在功能区中的命令"选项，在中间的列表框中选择"记录单"选项，单击"添加"按钮，将其添加到右侧列表框中，然后单击"确定"按钮，如图 4-12 所示。

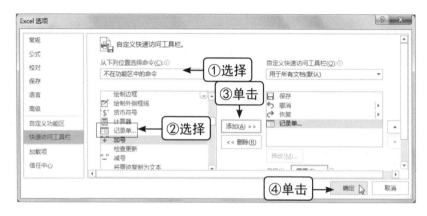

图 4-12

在使用记录单功能时，如果工作表套用了表格样式，那么在表格区域中选择任意表头字段所在的单元格，单击"快速访问工具栏"中的"记录单"按钮，即可打开以该工作表名称命名的对话框，如图 4-13 左图所示。此时，用户在该对话框中可以逐条录入和查看多项数据；如果工作表没有套用表格样式，那么在表格中选择表头字段所在的单元格区域，单击快速访问工具栏中的"记录单"按钮，此时会打开图 4-13 右图所示的提示对话框，单击"确定"按钮即可打开以该工作表名称命名的对话框。

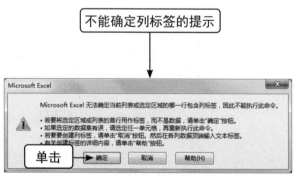

图 4-13

4.2.2 特殊数据的输入方法

在 Excel 工作表中手动录入数据时，通常会用到两种类型的数据，一种是常数，还有一种是自带的公式。其中，常数是使用最多的数据，如数字、文本、日期及时间等。同时，还可以录入逻辑类数据，如是或者否。

有的用户在录入一些特殊数据时，可能常常会遇到录入的数据没有按照自己需要的方式显示出来，甚至有的数据完全不知道怎么录入到 Excel 工作表中。每种数据都有其特定的格式和录入方法，为了能够让用户对录入数据有一个明确的认识，下面就来介绍一些在 Excel 工作表中录入各类数据的方法和技巧，从而可以有效地帮助用户提高其数据的处理能力。

1. 输入负数

在 Excel 工作表中输入负数时，可以在数据前面输入"-"作标识。例如，想要利用此方法输入"-11"，此时可以先在目标单元格中输入"-"，接着输入"11"。另外，也可将数字置于"（）"内来标识。例如，用此方法输入"-22"，可以在单元格中输入"（22）"，按 Enter 键即可在单元格中自动显示为"-22"。

2. 输入准确日期

Excel 系统会将日期和时间视为数字进行处理，它能够识别出大部分输入的日期和时间格式。可以用多种格式来输入同一个日期，可以用斜杠"/"或者"-"来分隔日期中的年、月、日部分。例如，想要输入"2017 年 4 月 12 日"，可以在目标单元格中输入"2017/4/12"或者"2017-4-12"。如果要在目标单元格中插入当前日期，可以通过快捷键来实现，即按 Ctrl+; 组合键。

3. 输入自定义文本

Excel 单元格中的文本包括所有的中西文文字或字母、数字、空格和非数字字符的组合，且每个单元格中最多可以容纳 32000 个字符数。虽然在 Excel 工作表中输入文本与在其他应用程序中输入文本没有多大的差异，但还是有少许不同。

例如，当在 Word 文档的表格中输入文本时，在单元格中输入文本后，按 Enter 键即表示一个段落的结束，光标会自动移动到单元格中下一个段落的开头。但在 Excel 单元格中输入文本时，按 Enter 键表示结束当前单元格的输入，光标会自动移动到当前单元格的下一个单元格中，当出现这种情况时，若用户想要在单元格中分行，则可以在单元格中使用硬回车，即按 Alt+Enter 组合键。

4. 输入货币符号值

Excel 几乎支持所有的货币值，如人民币（¥）、美元（$）及英镑（£）等。在欧元（€）出台以后，Excel 也完全支持其货币符号的显示、输入和打印。因此，可以非常方便地在单元格输入各种货币值，Excel 的系统会自动套用该种货币格式，并在单元格中显示出来。如果要快速输入人民币符号，则可以先按住 Alt 键，然后输入"0165"即可。

5. 输入时间

在 Excel 中输入时间时，有两种时间制的输入方式，分别是按 24 小时制输入和按 12 小时制输入，这两种输入的表示方法不同。例如，想要输入下午 3 时 20 分 28 秒，用 24 小时制输入格式为 15:20:28，而用 12 小时制输入格式为 3:20:28 p，其中字母"p"和时间之间有一个空格。如果用户想要在单元格中插入当前时间，可以按 Ctrl+Shift+; 组合键来实现。

6. 输入分数

通常情况下，几乎在所有的文档中，分数格式都是用一道斜杠来分界分子与分母，其格式为"分子/分母"。在 Excel 单元格中，日期的输入方法也是用斜杠来区分年月日的，如在输入"2017/1/2"，按 Enter 键则显示"2017 年 1 月 2 日"。为了避免在 Excel 中将输入的分数与日期混淆，就需要对单元格进行设置，然后才输入分数数据，这样才能以分数的形式显示出来。

选择已经输入分数或即将输入分数的单元格或单元格区域，在"开始"选项卡"数字"选项组的"常规"下拉列表框中选择"分数"选项，然后在单元格中输入数据即可。输入的分数形式主要有 3 种，即真分数、假分数和带分数。

(1) 输入真分数。在 Excel 单元格中输入真分数，具备一定的书写顺序，即通常为分子、反斜杠和分母。如果没有设置单位格格式，也可以在输入时先输入"0"和"空格"，然后输入分数，如输入"1/3"，最终也会正确显示为"1/3"。

(2) 输入假分数。输入假分数后，系统会自动将其转换为带分数的形式，如输入假分数"5/2"，按 Enter 键后将显示为"2 1/2"，即数学中的 $2\frac{1}{2}$。在没有设置单元格格式的情况下，输入假分数时，也需要先输入"0"和"空格"，然后输入分数。

(3) 输入带分数。在输入带分数时，可不用设置单元格格式直接按照顺序输入，系统会自动将其识别为分数。

7. 自动设置小数点位数

在输入小数时，用户可以像平时输入其他数据一样直接使用小数点，还可以利用逗号分隔千位、百万位等。当输入带有逗号的数字时，在编辑栏并不显示出来，而只在单元格中显示。如果用户需要大量带有固定小数位的数字，或者带有固定位数的以"0"字符串结尾的数字时，可以采用以下方法。

打开"Excel 选项"对话框，单击"高级"选项卡，在右侧的"编辑选项"栏中选中"自动插入小数点"复选框，在"位数"数值框中输入或选择需要显示在小数点右侧的小数位数。如果要在输入比较大的数字后自动添零，可指定一个负数值作为要添加的零的个数。例如，想要在单元格中输入"66"后自动添加 3 个"0"，数据显示为"66000"，那么就在"小数位数"数值框中输入"-3"，然后单击"确定"按钮即可，如图 4-14 所示。此种方式对于财务工作者来说非常实用，因为他们常常需要在 Excel 工作表数据后添加多个"0"，如果每次都手工填写，不仅烦琐，还容易出错，通过对数据设置小数点位置，即可实现多位"0"的自动填写。

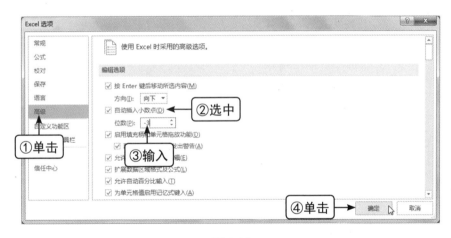

图 4-14

另外，如果要在输入"66"后自动添加 3 位小数，变成"0.066"，则要在"位数"数值框中输入"3"。另外，在完成输入带有小数位或结尾零字符串的数字后，需要取消选中"自动插入小数点"复选框，以免影响后边的输入。

8. 输入以"0"开头的数据

在做数据分析时，常常会遇到一些以"0"开头的数据，如股票代码（中国宝安：000009）、会计报表编号（002）等。此时，有人在 Excel 工作表中输入这些数据就可能会遇到这样的情况，即单元格中输入以"0"开头的序号时，数据前面的"0"不会显示，只显示后面的数字。例如，输入编号"002"，按 Enter 键或 Tab 键后显示数据为"2"，数据的不完整性，有可能对后面的数据分析产生较大影响。

如果想要使单元格显示出完整的数据，首先需要对单元格进行设置。即在"开始"选项卡"数字"选项组中单击"对话框启动器"按钮，在打开的"设置单元格格式"对话框中选择"自定义"选项，然后在右侧的"类型"文本框中输入数据的位数，如需要输入的编号数据有 3 位数，则输入"000"，单击"确定"按钮即可，如图 4-15 所示。

图 4-15

另外，除了可以通过以上方式来显示以"0"开头的数据外，还可以将单元格设置为以"文本"类型显示数据。此时，只需要在"设置单元格格式"对话框的"数字"选项卡中选择"文本"选项即可。

9. 输入超过 11 位以上的数字数据

超过 11 位以上的数字数据有很多，如客户信息中的身份证号码、电话号码及 VIP 卡号等。但是熟悉 Excel 的用户一定知道，当单元格中输入的数字数据超过 11 位后，Excel 会很智能地自动将其改写成指数形式。如果不需要使用该自动转换的功能时，则可以采用以下 3 种方法。

(1) 选择需要输入 11 位数字以上的目标单元格或单元格区域，打开"设置单元格格式"对话框，在"数字"选项卡中选择"自定义"选项，在"类型"文本框下的列表框中选择"@"选项，确定设置后返回到工作表中，即可直接输入超过 11 位的数字。

(2) 选择需要输入 11 位数字以上的目标单元格或单元格区域，在"开始"选项卡的"数字"组的"常规"下拉列表框中选择"文本"选项后，即可直接输入超过 11 位的数字。

(3) 选择需要输入 11 位数字以上的目标单元格，先在其中输入一个英文状态下的单引号"'"，然后就能输入 11 位以上的数字。

4.3 问卷调查数据的录入要求

问卷调查是一种针对目标对象群体的意见调查方式，搜集被调查者的意见、反应、感受及其对事物的认知等。当数据分析者利用问卷调查法来搜集数据后，又该如何将该数据录入 Excel 中呢？

在进行数据分析时，还会接触到一种特殊的数据录入，那就是问卷调查数据，因为其录入格式非常有讲究。在问卷调查中，从前期的准备工作到正式实施，到最后的数据处理及交付给问卷录入公司，其中存在着一个非常重要的环节，那就是问卷回收整理，回收问卷后要尽快地进行数据的整理、统计与分析。其中，问卷回收整理主要包括以下几个程序。

(1) **问卷初步检查**。对于市场调查所回收的问卷，应该当场检查；否则，等待访问人员解散回家后对有疑问的问卷将无法更正，检查时应注意配额是否一致、问卷答案是否齐全以及字迹是否清楚等，且最好负责该项目的研究员也参与。

(2) **空白与乱填等不完整问卷的处理**。问卷有时由于问题不合适、被访者不喜欢回答或者被访者、访问员本身的疏忽等问题，导致问卷中某部分出现空白现象。此时，如果访问员可以解决某些问题就当场请其更正；如果出现无法解决的问题，则以遗漏值的方式来处理，不予计算此部分或此题的资料。市场调查的问卷由于受访者不认真作答或者不耐烦，而将问卷的答案乱填，此时需要将问卷作废卷处理。如果把这种问卷也纳入分析的样本，对整个研究结果是有一定误导作用的。

(3) **对于有多项答案的问卷处理**。如果市场调查的问卷是单项选择题，但由于问卷上并没有详细注明，或者是被访者觉得答案应有两个以上，而选择两个或两个以上答案。此时有两种处理方式，分别是把它视为遗漏值的方式处理和使用加权法的方式来处理。

(4) **问卷编码与录入**。在问卷处理完之后，就需要对问卷及答案进行编码与录入。

首先，对问卷进行编码与录入，问卷编码很简单，只要不重复即可；其次，对答案进行编码与录入，就是把问卷的答案加以量化成电脑可以接受的语言，如1、2、3、4、5等，通常是根据问题的答案进行分类编码，即在问卷审核时把碰到的答案都记载下来进行归类，然后再编码与录入。

(5) **数据检查**。问卷在录入完成后，就是对数据进行检查，一般分为3个步骤。首先，把所有数据进行抽查。把每个录入员的数据按照10%～20%的比例对照问卷进行随机抽查，如果发现错误则对该录入员的数据进行加倍的抽查，直到抽查错误率控制在2%以内为止。其次，对项目要求的总体配额进行核查，检查配额是否与项目要求的配额一致。最后，对数据的完整性也就是有遗漏值的地方进行检查核实。

在问卷回收整理过程中，有一个比较重要的步骤，那就是问卷调查数据的录入。而对于不同类型的问题，也有不同的录入格式要求。下面通过一份调查问卷，来认识常见的问题类型。

手机市场调查问卷

手机市场调查问卷是一份关于手机的民意调查问卷，主要是针对手机方面问题进行的问卷调查，了解手机市场的现状，完善手机功能以及服务等方面的问题，以此展开问卷调查活动，耽误您一些宝贵时间，回答手机市场调查问卷，谢谢您的合作。

1. 单选题

(1) 您认为手机在您生活中的重要性(　　)。

A. 非常不重要　　　B. 不重要　　　C. 一般重要　　D. 重要　　　　E. 非常重要

(2) 您能接受的手机价位是(　　)。

A.1000 元以下　　　B.1000 ～ 2000 元

C.2001 ～ 3000 元　D.3000 元以上

(3) 您更换手机的频率是(　　)。

A.1 年内　　　　　B.1 ～ 3 年　　　C.3 年以上　　　D. 用坏才换

(4) 您喜欢的设计风格是(　　)。

A. 小巧玲珑　　　　B. 时尚前卫　　　C. 简约硬朗

D. 其他，请注明 _____。

(5) 您认为手机外壳最好看的是(　　)。

A. 金属　　　　B. 皮革　　　　C. 塑料　　　　D. 其他，请注明 _____。

(6) 您选择手机时最看重的是 (　　　)。

A. 外观时尚　B. 质量过硬　C. 功能强大

(7) 您对于多功能于一身的手机的看法是 (　　　)。

A. 没用　　　B. 功能越多越好　C. 无所谓

D. 价格便宜　E. 售后服务好

(8) 您最愿意选择的手机类型是 (　　　)。

A. 智能手机　B. 音乐手机　C. 拍照手机

D. 游戏手机　E. 普通手机

(9) 您购买手机时选择的场所是 (　　　)。

A. 专卖店　　B. 大卖场　　C. 商场

D. 移动、联通公司　　E. 网上购买

(10) 您一个月花费的话费是 (　　　)。

A.30 元以下　B.30 ～ 60 元　C.60 ～ 100 元　D.100 元以上

(11) 您一个月的手机话费占您生活费的比率是 (　　　)。

A.10% 以下　B.10% ～ 15%　C.16% ～ 20%　D.20% 以上

(12) 您希望手机摄像头的像素为 (　　　)。

A.500 万以下　B.500 万～ 800 万　C.800 万～ 1300 万　D.1300 万以上

(13) 您希望手机的待机时间是 (　　　).

A.72 小时　　B.120 小时　　C. 一个星期　　D. 半个月以上

(14) 您觉得手机是否需要有手写输入功能 (　　　)。

A. 需要　　　B. 不需要　　　C. 无所谓

(15) 您觉得手机是否需要智能和 4G？ (　　　)

A. 需要智能机　B. 需要 4G 的　　C. 都需要

D. 都不需要　　E. 无所谓

(16) 请问您一天需要使用手机 (　　　)。

A.1 个小时以内　B.1 ～ 3 个小时

C.3～5个小时　D.5个小时以上

(17) 您认为您对手机的依赖程度有多高，请用1～5分进行评分，1分为最低分，5分为最高分 (　　)。

A.1　　B.2　　C.3　　D.4　　E.5

(18) 您最喜欢的手机品牌是 (　　)。

A. 华为　　　B. 小米　　　C.OPPO　　　D. 三星

E. 苹果　　　F.HTC　　　G. 其他，请注明 _____。

2. 多选题

(1) 您更换手机的原因是 (　　)。

A. 质量等出现问题　B. 外观出现磨损、掉色　　C. 样式陈旧

D. 功能太少　　　　E. 追求时尚　　　　　　　F. 其他，请注明 _____。

(2) 您喜欢的手机颜色是 (　　)。

A. 红　　B. 橙　　C. 黄　　D. 绿　　E. 蓝　　F. 银

G. 紫　　H. 黑　　I. 白　　J. 灰　　K. 金

(3) 手机的附加功能对您实用的是 (　　)。

A. 音乐功能　　B. 拍照、摄像　　C. 多媒体视频

D.GPS　　　　E. 其他，请注明 _____。

(4) 话费主要用于 (　　)。

A. 通话　　　　B. 收发信息　　C. 上网流量

D. 手机游戏　　E. 手机套餐订制

(5) 您了解手机信息的渠道是通过 (　　)。

A. 电视　　　　B. 报纸　　　　C. 宣传单　　D. 网络　　E. 朋友

F. 卖场海报　　G. 宣传活动　　H. 其他，请注明 _____。

(6) 您感兴趣的手机功能是 (　　)【限选3项】。

A.QQ聊天　　B.GPS扫描　　C. 拍照、摄像　　D. 手机上网

E. 手机电视　　F. 蓝牙功能　　G. 其他，请注明 _____。

3. 排序题

(1) 下面是选择手机时考虑的主要因素，请您按照重要程度进行排序。

A. 拍照　　B. 音乐　　C. 游戏　　D. 上网　　E. 多媒体

_____

(2) 您对以下哪些外观属性比较感兴趣，请按从高到低排序。

A. 手机外观样式　　B. 手机外观材质　　C. 手机外观颜色　　D. 手机屏幕尺寸

_____

4. 简述题

(1) 您理想中的手机是怎样的？

_____

_____

(2) 请对此制度提出您宝贵的意见！

_____

_____

从上面的示例问卷中可以发现，其主要有 4 种类型的问题，分别是单选题、多选题、排序题和开放性说明题，在录入数据时都需要满足一定的要求，具体介绍如下。

1. 单选题

单选题是考试的主要题型之一，目的是检验学员对所学知识的掌握程度和辨别分析能力。调查问卷中的单选题与试卷中的单选题类似，就是答案只能有一个选择。因此，在单选题进行编码时只需要定义一个变量，即给该题留一列进行数据的输入。录入时可采用 1、2、3、4 等分别代表 A、B、C、D 等选项，如选择 "B" 则在 Excel 中录入 "2"。例如，上述示例问卷的单选题中的第 1 题选择 "C"，则只需在该份问卷的记录中对应单选题的第 1 题所在位置录入 "3" 即可。

2. 多选题

多选题是一种正确选项数目通常多于 1 个的选择题题型，即正确选项数目可以在 $1 \sim n$ 所有选项数目之间取任意值。多选题的特征就是答案可以有多个选项，其中又分为项数不定多选和项数限定多选。项数不定多选就是对所选择选项的数目不作限定，而项数限定多选有 "最多选择 ×× 项" 的要求。通常情况下，多选题的录入方式主要分为二分法和多重分类法两类。

(1) 多重二分法。二分法所属现代词，指的是数学领域的概念，经常用于计算机中的查找过程中。不过，问卷调查数据的录入也可采用二分法，对于多项选择题的每一个选项可看作一个变量来定义。"0"代表没有被选中，"1"代表被选中，这样多选题中有几个选项，就会变成有几个单选变量，这些单选变量的选项都只有两个，即对于被调查者未选的选项录入0、选中的选项录入1。例如，上述示例问卷中某多选题被调查者选择"ABD"，则A、B、C、D、E、F、G的选项下分别录入"1、1、0、1、0、0、0"。

(2) 多重分类法。多选题中有几个选项，就定义几个单选变量，每个变量的选项都一样，都和多选题的选项相同。每个变量代表被调查者的一次选择，即录入的是被选中的选项代码。但在实际操作中，如果选择项较多，而被调查者最多只选择其中少数几项时，采用多重二分法录入就显得烦琐，输入数据时容易出错。尤其是当样变量增大时，采用多重二分法录入就大大增加了录入的工作量，不利于提高工作效率。为此，一般的市场调查公司大都采用多重分类法的录入方式。简单来说，就是事先定义录入的数值，如1、2、3、4、5、6、7分别代表选项A、B、C、D、E、F、G，并且根据限选的项数确定应录入的变量个数。例如，上述示例问卷的多选题第6题限选3项，那么需要设立3个变量，如果被调查者选择"ACD"，则在3个变量的值分别为"134"。

3. 排序题

排序题要求将若干选项按照一定的标准依次排列，可以同时测查被调查者对多个选项的态度倾向。对于排序题而言，需要对选项重要性进行排序。例如，上述示例问卷的排序题第一题中，总共有5个选项，需要按照重要程度进行排序，排序题的录入与多重分类法类似，先定义录入的数值，1、2、3、4、5分别代表A、B、C、D、E，然后按照被调查者填写的顺序录入选项，如果被调查者的排序为"CDAEB"，那么可以按顺序录入"34152"。

4. 开放性说明题

通常情况下，开放性说明题都会放在问卷的末尾处，也就是需要被调查者开动大脑填写一些文字表述观点或建议。例如，上述示例问卷的开放性说明题第1题。对于开放性说明题，可以按照含义相似的答案进行归类编码，转换成多个选题进行分类。若被调查者的答案比较丰富，不利于归类，可以选择对该类问题进行定性分析。

手动整理数据要快而准

想要在 Excel 中对数据进行分析和处理，首先需要在其中录入数据，虽然录入数据的方式比较简单，但是为了提高工作效率，对于一些特殊的数据，可以通过一些便捷的方式对其进行处理。

4.4.1　数据来源的有效性设置

对于一些比较严谨且存在较多相互引用的表格，在实际工作中其实对单元格的数据输入是有特定要求的。例如，某产品有 3 种型号，分别是 A、B 和 C，但在录入员输入数据时错误地录入了一个 D 型号，那么这就会导致分产品销量统计表与销售总表产生差异。为了防止出现这样的错误，Excel 数据有效性允许用户创建相关的规则，规定可以向单元格中输入的内容。例如，可以定义销售总表中的产品型号的输入值只能是 A、B 或 C，如果用户输入了无效数据，可以显示一个自定义的提示信息。

其实，在 Excel 中录入数据时，使用系统提供的数据有效性功能可以在指定单元格或单元格区域中限定录入的数据类型，通过这样的设置可以保证数据录入的正确性与数据录入的速度。

1. 允许范围内的有效性设置

在利用 Excel 进行办公操作时，当面对着大量的数据需要快速录入的情况下，数据录入的正确性就显得尤为重要，可以说数据录入是数据分析与计算的基础。因此，用户需要进行一些数据设置，从而减少数据录入的错误率。

此时，就需要用到 Excel 表格中数据有效性的判断功能。该功能是设置录入数据的整体属性、数据范围。设置完成后，当输入的数据已经超出了之前所设定的数据范围时，系统就会立即打开提示对话框提示用户，这样就可以帮助用户避免输入一些不必要的错误数据了，下面就来看看如何在 Excel 中设置单元格输入的数据范围。

例如，在统计用户信息时，需要限制用户的会员名称在 4 ～ 8 个字符内。此时，可以选择 Excel 工作表会员名称所在的列，然后在"数据"选项卡的"数据工具"选项组中单击"数据验证"按钮。打开"数据验证"对话框，在"允许"下拉列表框中选择"文本长度"选项，在"数据"下拉列表框中保持"介于"选项的选择状态，在"最小值"和"最大值"文本框中分别输入"4"和"8"，然后单击"确定"按钮即可，如图4-16左图所示。

在设置了数据允许范围内的有效性后，如果在相应单元格中输入的数据少于最小值或大于最大值，如上面例子中的小于4或大于8，则系统就会自动打开错误提示对话框，提醒用户输入了非法值，需要重新输入，如图4-16右图所示。此时，用户可以单击"重试"按钮，并重新输入允许范围内的数据即可。

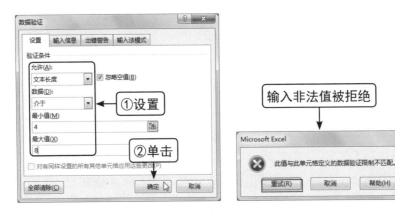

图 4-16

在"数据验证"对话框的"设置"选项卡中，有一个"忽略空值"复选框，如果选中该复选框，则表示当前设置了数据有效性的单元格中在输入空值时，该单元格不接受数据有效性限制。也就是说，只有单元格中输入了非空值时，才能检测出单元格的数据有效性。

2. 来源于序列的有效性设置

某公司具有自己的商品配送中心，配送中心在每天9:00时会向该公司旗下的所有门店配送商品，商品离开配送中心前需要在商品出库登记表中录入出库信息。在商品出库登记表中有一列数据是"商品配送店"，即商品配送的目的门店。

为了避免输入错误的商品配送店，最好就是限制该列单元格数据的输入，此时可以选择使用序列来限制数据有效性，使出库员只能录入序列中包含的数据，在提高工作效率的同时还能提高准确性，如图4-17所示。

A	B	C	D	E	F	G
出库门店	入库门店	产品名称	条形码	规格	单位	应发数量
配送中心	高新店	西门子微波炉	6925823232324		箱	
配送中心		门子微波炉	6925823232324		箱	
配送中心	新华店	门子微波炉	324		箱	
配送中心	高新店 九里店	微波	324		箱	
配送中心	北城店	得电饭煲	6925823235689		箱	
配送中心	中心店	得电饭煲	6925823235689		箱	
配送中心		美得电饭煲	6925823235689		箱	
配送中心		戴尔电脑显示器	6925823000099		箱	
配送中心		戴尔电脑显示器	6925823000099		箱	
配送中心		戴尔电脑显示器	6925823000099		箱	

允许输入的数据

图 4-17

其实，序列有效性的设置并不难，但其适用性很广。其具体操作是：选择目标单元格或单元格区域，打开"数据验证"对话框，在"允许"下拉列表框中选择"序列"选项，并在"来源"文本框中输入允许在单元格中输入的数据项（各项之间以英文状态下的逗号隔开），如图 4-17 中的"新华店,高新店,九里店,北城店,中心店"，然后单击"确定"按钮即可完成设置，如图 4-18 左图所示。

默认情况下，在为单元格或单元格区域设置了来源于序列的有效性后，选择相应的单元格，将在该单元格右侧出现一个下拉按钮，单击该按钮即可显示出允许在单元格中输入的数据，并可以选择其中的相应选项来快速实现数据的输入。如果用户没有选择该下拉列表中的选项，而是手动输入了不属于下拉列表中的选项，则系统就会自动打开错误提示对话框，提醒用户输入的数据不匹配，如图 4-18 右图所示。

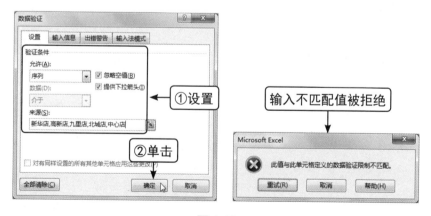

图 4-18

其实，在为目标单元格或单元格区域设置来源于序列的数据有效性时，不仅可以直接输入数据项，还可以引用其他单元格作为数据来源（包括当前工作表或其他工作表），这样可以减少手工输入数据项的错误概率，同时还能提高工作效率。

3. 自定义有效性

公司人力资源管理者想要将"员工信息工作表"中的某列录入员工身份证号码，由于员工身份证号码具有唯一性，即该列中不能出现相同的数据。但公司有上千名员工，在手动录入数据时很容易造成视觉疲劳，而看错行，进而出现数据重复录入的情况。为了解决该问题，人力资源管理者可以通过"数据验证"来防止数据的重复输入。自定义数据有效性可以允许用户利用计算结果为逻辑值（数据有效时为 True、数据无效时为 False）的公式来设置单元格或区域的数据有效性。下面通过一个简单的操作来具体了解自定义数据有效性。

选择目标单元格，如 C3，打开"数据验证"对话框，在"允许"下拉列表框中选择"自定义"选项，在"公式"文本框中输入公式"=COUNTIF($C$3:$C$20,C3)=1"，单击"确定"按钮，如图 4-19 左图所示。返回到 Excel 工作表中，拖动 C3 单元格右下角的自动填充柄，将 C3 单元格的数据有效性填充到 C4:C20 单元格区域中，此时 C3:C20 单元格区域输入的数据与该区域中的其他单元格数据重复，系统将自动打开错误提示框，禁止输入数据，如图 4-19 右图所示。

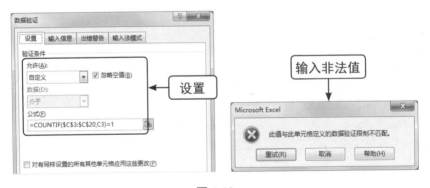

图 4-19

为什么上述操作中只是对 C3 单元格进行，而其他单元格却只能通过填充来实现？这主要是因为 COUNTI() 函数的第二个参数需要与当前的单元格匹配。不然，函数将无法返回正确的值，而单元格有效性的设置也就无法实现。

4. 设置输入信息和出错警告

数据分析的工作量通常都较大，其涉及的表格数据也不会少，所以常常需要多个人同时完成一份或多份表格的制作。但在制作 Excel 表格时，常常会因为沟通不顺畅而导致 Excel 工作表中的信息录入不完整或者正确率不高，尤其是制作标准表格文件分享给其他人员进行填写，如果没有把一些重要信息进行非常明显的提示，则可能会导致其他人不会填写，或填写出错却并不知道，从而增加工作量或导致数据分析结果出错。此时，为了避免这种情况发生，可以在 Excel 单元格中设置数据提示信息和出错警告信息。

简单来说，输入信息和出错信息是设置数据有效性的一个附加设置项。其中，"输入信息"是指用户在单击某个单元格时会自动弹出一条设定的提示信息，即提示用户在相应单元格中应该输入哪些数据；"出错警告"是指在设置了数据有效性的单元格中输入了错误的值，系统会自动打开提示对话框，显示"输入值非法"的提示信息，也就是在用户输入了不符合规定的数据时，告知其出现了哪种类型的错误。这两项设置都是在"数据验证"对话框中进行，如图 4-20 所示。

图 4-20

其中，在错误警告中，Excel 提供了 3 种不同样式的提示对话框，分别是停止、警告和信息，各种提示对话框具有不同的功能，其介绍如下。

(1) **停止**。不允许输入不正确的信息，其提示对话框提供"重试""取消"和"帮助"3 个按钮。

(2) **警告**。允许用户选择是否继续输入错误的信息，如果选择否，则不能输入错误信息，其提示对话框提供"是""否""取消"和"帮助"4 个按钮。

(3) **信息**。只是提醒，但不会不允许用户输入数据，其提示对话框提供"确定""取消"和"帮助"3 个按钮。

4.4.2 数据的编辑与修改

在 Excel 工作表中录入数据时，不可避免地会出现输入错误数据的情况，或在对工作表数据进行分析时发现数据存在问题需要进行修改。此时，就会涉及对数据进行编辑与修改。

1. 修改和删除错误数据

为了不让工作表中的错误数据对整个数据分析结果产生影响，需要对其进行修改，甚至是直接将其删除。由于输入数据可以通过单元格和编辑栏输入，那么修改和删除数据同样可以通过单元格和编辑栏进行。

1) 修改数据

(1) 修改部分数据。选择需要修改数据的目标单元格，将文本插入点定位到单元格或编辑栏中，选择需要修改的部分数据，然后输入新的数据即可。

(2) 修改全部数据。选择需要修改数据的目标单元格，直接输入新的数据即可。

2) 删除数据

删除单元格中数据的方式有多种，除了可以直接删除数据外，还可以单独删除单元格格式或超链接等。

(1) 选择需要删除数据的目标单元格，然后右击，在弹出的快捷菜单中选择"清除内容"命令。

(2) 选择需要删除数据的目标单元格，按 Delete 键即可将其删除。

(3) 选项需要删除数据的目标单元格，在"开始"选项卡的"编辑"选项组中单击"清除"按钮，在弹出的下拉菜单中选择相应的命令即可执行相关操作。

2. 修改数据类型

在 Excel 工作表中输入的数据都有其默认类型，有时其显示的格式并不方便对数据进行分析。此时，就需要将其修改为适合进行分析的类型，一般是通过设置单元格格式进行修改。

选择需要修改数据类型的目标单元格或单元格区域，然后直接在"开始"选项卡的"数字"选项组中的"常规"下拉列表中选择相应选项进行修改；如果需要对数据类型进行具体的修改，则可以打开"设置单元格格式"对话框，在"数字"选项卡的"分类"列表框中选择相应的数据类型，然后在其右侧显示的界面中设置具体的数据格式。

在"设置单元格格式"对话框的"数字"选项卡中有一个"特殊"选项，其主要可以对一些特殊数据格式进行设置，用户可以选择"邮政编码""中文小写数字"和"中文大写数字"选项，如图 4-21 所示。

图 4-21

3. 自定义数据格式

前面提到过，在 Excel 的"设置单元格格式"对话框的"数字"选项卡的"自定义"选项中，可以设置输入以"0"开头的数据。其实，除了这个设置，"自定义"选项中还有其他很多数据格式的设置方式。只要使用内置的代码组成的规则，用户就能设置数据的任意显示格式。从图 4-22 所示的"设置单元格格式"对话框右侧"类型"列表框中就能看到各种代码，如"_ * #,##0.00_ ;_ * -#,##0.00_ ;_ * "-"??_ ;_ @_ "就是一个完整的格式代码。

图 4-22

在"类型"列表框中的各种代码由各种字符组成，其中每种字符所表示的含义如下。

◆ **"G/ 通用格式"**：以常规的数字显示，相当于"分类"列表框中的"常规"选项。例如，使用代码"G/ 通用格式"，则 10 显示为 10，而 9.1 显示为 9.1。

◆ **"#"**：数字占位符，只显示有意义的零而不显示无意义的零。小数点后数字如大于"#"的数量，则按"#"的位数四舍五入。例如，使用代码"###.##"，则 11.2 显示为 11.20，而 15.1314 显示为 15.13。

◆ **"0"**：数字占位符，如果单元格的内容大于占位符，则显示实际数字，如果小于点位符的数量，则用 0 补足。例如，使用代码"00000"，则 131415 显示为 131415，而 321 显示为 00321。

◆ **"_"**：留出与下一个字符等宽的空格。

◆ **"*"**：重复下一次字符，直到充满列宽。

◆ **"@"**：文本占位符，引用输入字符，如设置格式为"@ 销售门店"，输入文本"成都青羊区"，则显示为"成都青羊区销售门店"。

◆ **"? "**：数字占位符，在小数点两边为无意义的零添加空格，以便当按固定宽度时，小数点可对齐。另外，还用于对不等长数字的分数表示中。

◆ **", "**：千位分隔符，如代码"#,###"，12000 显示为 12,000。

◆ **"[红色]"**：颜色代码，选择代码格式后在文本框中可将其修改为其他颜色，如"[蓝色]"。

4.4.3 数据的批量修改

在数据的准备过程中，常常需要对 Excel 工作表中的某些数据进行修改。如果工作表中需要修改的数据能一目了然，则可以使用传统的方法手动对其进行修改；但如果在修改大量且相同的数据时，还通过传统的方式手工修改，不仅工作效率低，还可能会出现遗漏或错误。例如，将北京地区的数值全部修改为某一值，一个一个去寻找并修改，这显然不是科学的做法。此时，最理想的方式就是利用查找与替换功能，对 Excel 中的目标数据进行批量修改。

1. 常规的查找和替换

如果只是对 Excel 工作表中的普通数据进行修改，则可以使用常规的查找和替换操作来实现。

按 Ctrl+F 组合键打开"查找和替换"对话框，选择"替换"选项卡，在"查找内容"

文本框中输入要查找的数据,单击"查找全部"按钮开始查找全部相匹配的数据(单击"查找下一个"按钮可查找目标数据),此时对话框中会显示出该工作表所有符合条件的数据。查找完成后,如果需要对目标数据进行替换,则在"替换为"下拉列表框中输入要替换的数据,单击"全部替换"按钮即可替换所有查找的记录,如图 4-23 所示。

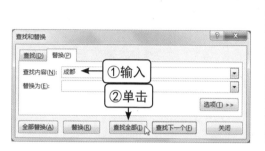

图 4-23

如果仅是简单的查找数据,则只需要在"查找和替换"对话框的"查找"选项卡中进行查找操作即可。

2. 查找和替换的高级选项设置

如果想要修改具体范围内的数据或者修改数据的格式,可以对查找和替换的高级选项进行设置。在"查找和替换"对话框中单击"选项"按钮,在展开的对话框中可以进行更多设置,图 4-24 所示为"查找"和"替换"选项卡中展开的高级选项。

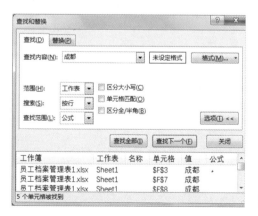
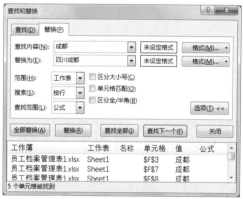

图 4-24

其中,在"查找"和"替换"选项卡中,主要的高级选项有"范围""搜索""查找范围""区分大小写"和"格式"等，其具体介绍如下。

◆ **范围**：在"范围"下拉列表框中可以选择查找范围，如工作表、工作簿。

◆ **搜索**：在"搜索"下拉列表框中可以选择搜索的方式，如按行、按列。

◆ **查找范围**：在"查找范围"下拉列表框中可以选择查找的数据类型，如公式、值或批注。

◆ **区分大小写**：如果选中"区分大小写"复选框，则严格按照大小写来查找工作表中的数据。

◆ **单元格匹配**：如果选中"单元格匹配"复选框，则需要满足数据相同和单元格格式相同两个条件才能被 Excel 系统查找到。

◆ **区分全 / 半角**：如果选中"区分全 / 半角"复选框，则需要严格按照字母的全角与半角来查找数据。

◆ **格式**：单击"格式"按钮右侧的下拉按钮，在弹出的下拉菜单中可以选择相应命令。其中，选择"格式"命令，可以打开"查找格式"或"替换格式"对话框，在其中可以设置查找数字、对齐、字体、边框和填充等单元格格式和数据格式。

4.5 优化待分析的数据显示效果

准备数据过程中，除了将数据导入或录入 Excel 工作表以外，还需要对这些数据的显示效果进行优化，以提升数据的可读性，进而降低数据分析的难度。

4.5.1 利用字体格式提升专业性

对于 Excel 工作表的数据而言，除了要具备合理的表格布局以外，其字体格式的设置也是非常重要的一环。字体是数据在视觉上的表现形式，是数据的风格和样式，一张清晰易读的工作表，其字体格式的设置十分讲究。特别是在比较正规的数据分析场合中，工作表中各部分数据的字体都不是能随意设置的，必须注重使用的正确性、严谨性和合理性，因为这能直接反映出数据分析结果是否具备专业性。

1. 字体的选择

字体的选择主要是指工作表中的不同数据组成部分设置不同的字体格式，从而达到快速区分与美观的目的。由于字体的种类繁多，显示效果也存在很大差异，所以对于不同类型的工作表，其设置的原则不同。不过在准备数据的过程中，会涉及的 Excel 工作表通常都比较严谨与正规，所以对于工作表中的标题、表头和表格内容各部分字体的使用情况都有不同要求。

一般情况下，工作表的标题字体可以使用方正大黑简体、方正综艺简体以及方正大标简体等简体字体；工作表的表头字体可以使用楷体 _GB2312 或者宋体等；工作表的内容字体通常使用仿宋或者宋体等，如图 4-25 所示。

资产负债表

单位名称：××企业　　日期：　　单位：元

资产	行次	期初数	期末数	负债所有者权益	行次	期初数	期
流动资产：				流动负债：			
货币资金	1	¥ 440,000.00	¥ 719,400.00	短期借款	51	¥ -400,000.00	¥ -400
短期投资	2			应付票据	52		
应收票据	3			应付账款	53	¥ -200,000.00	¥ -202
应收账款	4	¥ 200,000.00	¥ 220,000.00	预收账款	54		
坏账准备	5	¥ 10,000.00	¥ 10,000.00	应付工资	55		
应收账款净额	6	¥ 190,000.00	¥ 210,000.00	应付福利费	56		
预付账款	7			应付股利	57		
应收补贴款	8			应交税金	58	¥ -250,000.00	¥ -250
其他应收款	9			其他应交款	59		
存货	10	¥ 11,000.00	¥ 13,000.00	其他应付款	60		
待摊费用	11			预提费用	61		
待处理流动资产净损失	12			一年内到期的长期负债	62		
一年内到期的长期债券投资	13			其他流动负债	63		
其他流动资产	14						

资产负债表　损益表　资金需求量预测表

图 4-25

当然，对于形式要求不是特别严格的场合，其字体的选择也随意很多，几乎大部分的字体都可以使用。其中，标题字体使用较多的是幼圆和微软雅黑等字体，表头和内容字体通常使用宋体和仿宋等，如图 4-26 所示。

渠道市场营销预算

	第 4 个月	第 5 个月	第 6 个月	第 7 个月	第 8 个月	第 9 个月
预计销售总额 ¥(000)	1,500	1,200	1,500	1,500	1,800	2,000
个人（占销售总额的百分比）	**110%**	**110%**	**110%**	**110%**	**110%**	**85%**
人力资源 - 人数	5	5	5	5	5	5
人力资源 - 成本	25.00	25.00	25.00	25.00	25.00	25.00
佣金	1.50	1.20	1.50	1.50	1.80	2.00
人员总额 ¥(000)	26.50	26.20	26.50	26.50	26.80	27.00
直接营销（占销售总额的百分比）	**40%**	**33%**	**25%**	**20%**	**10%**	**5%**

渠道营销预算

图 4-26

2. 字号的设置

Excel 工作表主要用于对数据进行存储和各种处理，如数据分析和数据展示等。如果工作表中的数据都是千篇一律，没有任何的大小区分，那么在对数据进行处理时就会让人非常头疼，并容易看错而做出错误的操作。此时，可以选择对数据的字号进行设置，使不同类型的数据以不同字号进行显示，这也是区别各种数据参数的方法。

总体来说，对工作表中数据的字号进行设置，可以使数据的层次关系更加清晰，便于对其进行分析。不过，对数据的字号进行设置时需要满足阅读者的视觉要求，对数据的字号值的差异设置得太大或太小，都不利于数据的阅读，而且从工作表的整体上来看也显得不够专业。通常情况下，工作表中标题数据的字号设置范围在 18 ～ 22 号，其他数据的字号设置范围在 10 ～ 12 号，如图 4-27 所示。

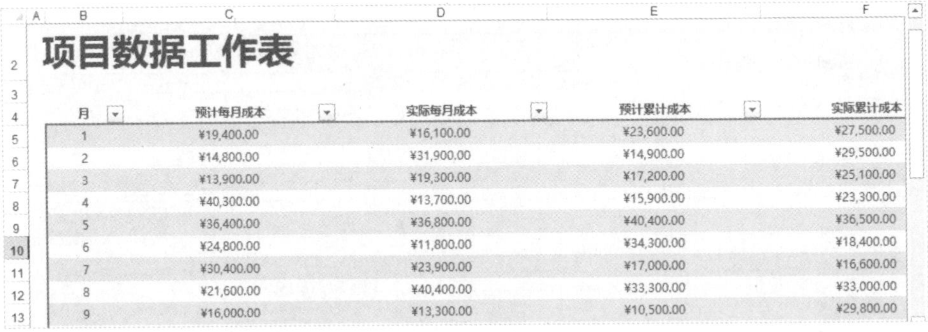

项目数据工作表

月	预计每月成本	实际每月成本	预计累计成本	实际累计成本
1	¥19,400.00	¥16,100.00	¥23,600.00	¥27,500.00
2	¥14,800.00	¥31,900.00	¥14,900.00	¥29,500.00
3	¥13,900.00	¥19,300.00	¥17,200.00	¥25,100.00
4	¥40,300.00	¥13,700.00	¥15,900.00	¥23,300.00
5	¥36,400.00	¥36,800.00	¥40,400.00	¥36,500.00
6	¥24,800.00	¥11,800.00	¥34,300.00	¥18,400.00
7	¥30,400.00	¥23,900.00	¥17,000.00	¥16,600.00
8	¥21,600.00	¥40,400.00	¥33,300.00	¥33,000.00
9	¥16,000.00	¥13,300.00	¥10,500.00	¥29,800.00

图 4-27

知识补充 | 有衬线字体和无衬线字体

衬线是字体的专业概念，具有强化笔画特征的作用，以便提高阅读性。根据字体是否有衬线可以将其分为两种类型，即有衬线字体（Serif）和无衬线字体（Sans-serif）。

有衬线字体是指字体在笔画开始和结束的地方有额外的装饰，而且笔画的粗细会有所不同。由于此类字体容易识别，强调每个字母笔画的开始和结束，因此易读性较高，比较适合打印出来阅读；无衬线字体是指没有这些额外的装饰，而且笔画的粗细差不多，具有清晰的样式，比较适合于演讲场所。

4.5.2 表格效果的优化操作

在阅读与分析数据的时候，单元格的行高和列宽及表格效果的设置，都会大大影响数据的阅读效果。此时，为了增强数据的可读性，就需要对单元格的行高和列宽及表格效果进行优化操作。

1. 设置行高和列宽让数据完全显示

由于单元格中的数据所占字符的长度和类型不同，如果在其中输入了默认限定的字符宽度和高度的数据，那么数据可能无法完全显示或以"#"符号连续显示，从而影响工作表中数据的阅读性，此时就需要对单元格的行高或列宽进行设置。

简单来说，设置单元格的行高或列宽就是为了使其中的数据完全显示，但在调整行高或列宽的过程中需要保证工作表整体的协调性。如果只是追求数据的完整性，而忽略了其协调性，从而影响工作表的美观与阅读性，这只会因小失大。

1）自动调整行高

在"开始"选项卡的"单元格"选项组中单击"格式"按钮，在弹出的下拉菜单中选择"自动调整行高"命令，将工作表的列宽按工作表内容进行自动调整，图4-28所示为调整前后的效果。

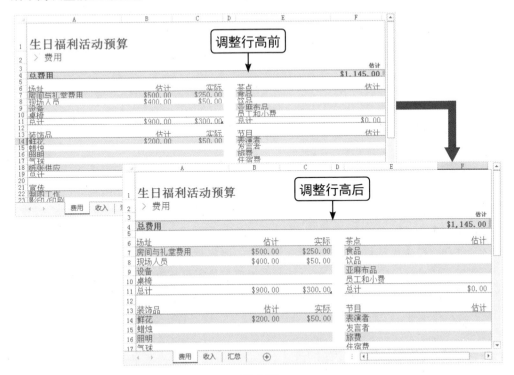

图 4-28

2) 设置列宽

在工作表中选择某一列或多列，并在其上右击，在弹出的快捷菜单中选择"列宽"命令，在打开的"列宽"对话框的"列宽"文本框中输入合适的数值，单击"确定"按钮即可完成列宽的设置，图 4-29 所示为调整前后的效果。

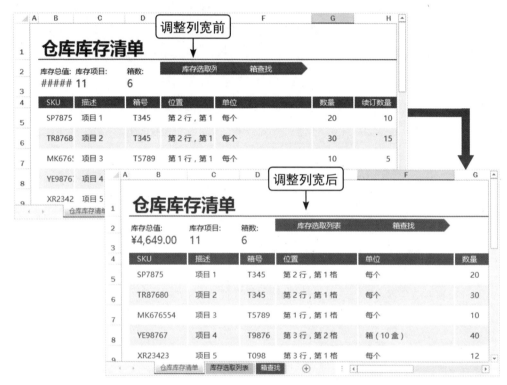

图 4-29

知识补充 | **快速设置单元格的行高与列宽**

设置单元格的行高或列宽最便捷的方式就是鼠标拖动法，该方法操作起来也比较直观，其具体操作如下。

将光标移动到需要调整的行的分隔线上，当光标变成 ╪ 形状时，按住鼠标左键并上下拖动鼠标，可以增大或缩小行高；同理，将光标移动到需要调整的列的分隔线上，当光标变成 ╫ 形状时，按住鼠标左键并左右拖动鼠标，可以增大或缩小列宽。

2. 快速套用格式美化表格效果

通常情况下，对表格效果进行设置时，都是将数据格式与单元格格式分开设置。

不过，这不利于对颜色搭配不擅长的用户，容易出现颜色混乱的情况，不仅无法达到美化的效果，更有可能适得其反。

在 Excel 中，系统为用户提供的主题颜色有 10 种系列，并将其中常用的 7 种主题颜色（即红色、橙色、黑色、蓝色、紫色、水绿色和橄榄色）分别按颜色的深浅与单元格的填充效果划分为 3 种类型的表格样式效果，不同的样式其突出的内容不同。因此，在套用表格样式时，需要先弄清楚自己表格中的数据特征，然后再选择合适的表格样式进行应用。

1) 应用浅色表格样式

Excel 中的浅色样式有 22 种，基本都忽略了列基准线，此类样式通常用于展示基于记录的表格数据，即重点突出行，图 4-30 所示为应用了表样式浅色 1 的效果。

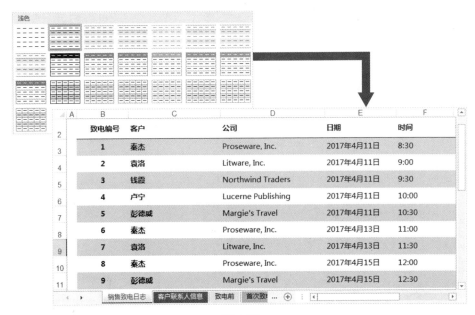

图 4-30

2) 应用中等浅色表格样式

中等浅色表格样式的种类最多，同时其标题、行与列都具有相应的样式，所以该类样式的综合性比较强，图 4-31 所示为应用了表样式中等深浅 10 的效果。

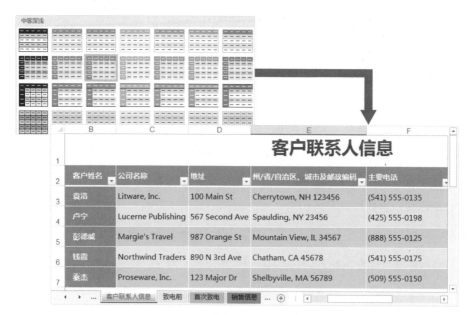

图 4-31

3) 应用深色表格样式

深色表格样式的种类较少，其标题行与其他数据行存在较大色差，该类表格样式可以将表格分为两个比较明显的部分，可以很直观地区分表格标题与表格内容，图 4-32 所示为应用了表样式深色 11 的效果。

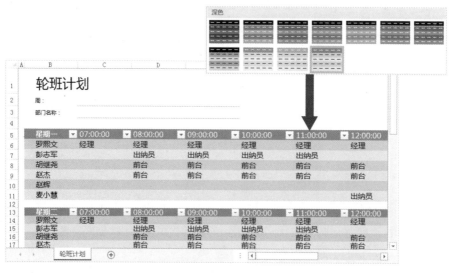

图 4-32

4.5.3　格式化设置中的颜色使用原则

在格式化表格样式时，需要遵循“三色原则”，即首行和首列最深，间行间列留白。通常情况下，类似于饼图的统计图用色系根据明度递减做配色，而整个工作表依旧采用三色配色方案。当然，也可以根据实际需要进行多种颜色的搭配，只要符合配色规律即可，这对于有色彩基础的人而言可能更加轻松。

在实际操作中，遵循“三色原则”的工作表更加美观、正规，而且易于阅读。这也是为什么看似专业的工作表都会选择错行配色的原因，这会使表格显得更加友好，如图 4-33 所示。

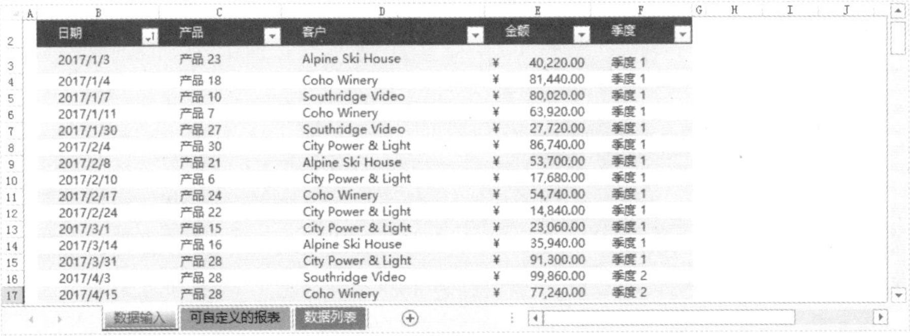

日期	产品	客户	金额	季度
2017/1/3	产品 23	Alpine Ski House	¥ 40,220.00	季度 1
2017/1/4	产品 18	Coho Winery	¥ 81,440.00	季度 1
2017/1/7	产品 10	Southridge Video	¥ 80,020.00	季度 1
2017/1/11	产品 7	Coho Winery	¥ 63,920.00	季度 1
2017/1/30	产品 27	Southridge Video	¥ 27,720.00	季度 1
2017/2/4	产品 30	City Power & Light	¥ 86,740.00	季度 1
2017/2/8	产品 21	Alpine Ski House	¥ 53,700.00	季度 1
2017/2/10	产品 6	City Power & Light	¥ 17,680.00	季度 1
2017/2/17	产品 24	Coho Winery	¥ 54,740.00	季度 1
2017/2/24	产品 22	City Power & Light	¥ 14,840.00	季度 1
2017/3/1	产品 15	City Power & Light	¥ 23,060.00	季度 1
2017/3/14	产品 16	Alpine Ski House	¥ 35,940.00	季度 1
2017/3/31	产品 28	City Power & Light	¥ 91,300.00	季度 1
2017/4/3	产品 28	Southridge Video	¥ 99,860.00	季度 2
2017/4/15	产品 28	Coho Winery	¥ 77,240.00	季度 2

图 4-33

1. 表格标题上色

为了保证不影响表格的整体视觉效果，在用颜色划分区域时仅限于字段标题，如果在表格中大幅度任意使用颜色会产生较大影响。第一，容易导致表格视觉上的冲突；第二，可能会给后期打印造成不确定的后果。通常情况下，都会在第一行的标题行上加注颜色标识。

在 Excel 工作表的“开始”选项卡的“字体”选项组中单击“字体颜色”下拉按钮，在打开的下拉列表中即可选择相应的颜色。由于 Excel 中的字体颜色默认为黑色，所以在为单元格设置颜色时要选择明度较高的颜色，当然不能太高，这样容易影响数据的显示效果。此时，在“字体颜色”下拉列表框中的第二排颜色中选择任意选项即可。另外，浅配色可以很好地显示文字，又能明显地起到标识作用，颜色素雅清丽，显得更加专业。

需要注意的是，如果用于单色打印的表格，颜色可能不会被识别，所以最好选择渐变的颜色。对于商务办公而言，使用蓝色可以显得比较稳重，但深蓝色会导致文字看不清，需要将文字手动调整为白色。

2. 表格内容上色

默认情况下，工作表都是由框线和数据组成的，为了优化工作表的显示效果，可以适当地为表格内容自定义不同的颜色，以使工作表整体更加美观。不过，不要刻意地去对表格正文内容添加颜色，除了需要遵循"三色原则"以外，最好让表格简单大方，以数据为主，让颜色突出数据，而不是让颜色反客为主。如果需要对表格中的数据划分区域，可以使用线条来实现。

如果颜色搭配得不好或者设计感不强，数据分析师无法独立完成表格效果的自定义设置，那么最好的方法是采用 Excel 系统提供的表格样式和单元格样式，这些样式基本可以满足常见的需求。

知识补充 | 色彩的概念

色彩是指光从物体反射到人的眼睛所引起的一种视觉心理感受。按字面含义可以分为色和彩，所谓色是指人对进入眼睛的光传至大脑时所产生的感觉；彩则指多色的意思，是人对光变化的理解。根据色彩系别不同，可以将其分为无彩色系和有彩色系。

无彩色系，即由黑色、白色及黑白两色相融而成的各种深浅不同的灰色系列；有彩色系主要包括可见光谱中的全部色彩，以红、橙、黄、绿、蓝和紫等为基本色。

第 5 章
加工处理数据源是数据分析的关键

 **本章要点**

- ◆ 数据处理的要求
- ◆ 数据处理的步骤
- ◆ 公式和函数的基础认知
- ◆ 使用公式与函数的方法

- ◆ 处理数据源中的重复数据
- ◆ 检查数据的完整性
- ◆ 在数据源中抽取数据
- ◆ 计算数据结果

学习目标

在大数据时代，想要获取大量数据已经变得比较容易，但这些数据并不能直接用于分析，因为这些数据不仅杂乱无章，可能还有许多没有价值或错误的数据。此时，就需要对准备好的数据源进行加工处理，使其变得"干净"且有分析价值。

知识要点	学习时间	学习难度
正确理解数据的加工处理	25 分钟	★★
数据处理的必备基础知识	30 分钟	★★★
对数据进行清理与检查	40 分钟	★★★
对数据源进行二次加工	45 分钟	★★★★

正确理解数据的加工处理

准备好了数据，下一步就是对数据进行加工处理。当然，进行数据的加工处理并不是一件简单的事情，首先需要了解数据处理的要求与数据处理的步骤。

5.1.1 数据处理的要求

数据处理的要求其实并不高，并不是要求数据分析师必须掌握非常高深的技能，但需要其具备一定的素质，即素质比技能更重要。只有具备了良好的素质，才能更好地完成数据加工处理这项工作，才能得出最具针对性的数据分析结果。其中，数据处理的要求主要有以下几点。

1. 自信心

对于接触过数据分析的人都知道，面对海量且繁杂的数据，只有经历过无数次的数据收集、数据筛选、逻辑运算、分析汇总、结果验证及会议辩证等过程，才能得出一个简洁的分析结果。对于数据分析师而言，每天都会面对成千上万的数据，这是一件令人头疼但又不得不做的事情，所以想要进行数据的加工处理，首先需要具备一定的信心，这样才会避免产生烦躁和消极的情绪。为了提高大家的信心，下面可以来看一个小故事。

案例陈述

在战国时期，一位父亲和他的儿子出征打仗。父亲是一名将军，而儿子还只是一名马前卒。一阵号角吹响，战鼓雷鸣，父亲严肃地托起一个箭囊，其中插着一支箭。然后慎重地对儿子说："这是家传的一支宝箭，切记佩戴在身上，力量就会变得无限大，断不可将其抽取出来。"那是一个非常华美的箭囊，厚牛皮打制，镶着幽幽泛光的铜边儿，露出的箭尾是由上等的孔雀羽毛制造。

儿子喜上眉梢，贪婪地猜想着箭杆与箭头的样子，耳旁恍如"嗖嗖"地箭声擦过，敌方的主帅应声折马而毙。果然不出父亲所料，儿子佩戴宝箭后勇猛不凡，所向无敌。看到这样的状况，儿子掩饰了胜利的喜悦，也禁不住得胜的骄傲心态，完全忘记了父亲的吩咐，强烈的愿望驱逐着他呼一声就拔出宝箭，试图看个究竟。此刻，儿子完全惊呆了，因为这只是一支断箭，也就是箭囊里装着一支被折断的箭。

儿子瞬间被吓出一身冷汗，就像突然失去精神支柱，意志也就随之坍塌。结果不言自明，儿子惨死于乱军之中。当战争结束，父亲捡起那柄断箭，重重地叹了一口气，自言自语道："没有信心的人，永远也做不成将军。"

从上面的例子中可以看出，不管做什么事情，信心尤为重要。与其把输赢寄托在一支宝箭上，不如把自己当作一支箭，让自己变得坚韧、锐利、百步穿杨及百发百中，只有这样才能获得成功。

2. 细心

数据处理是非常细致的工作，粗心大意的人无法很好地完成这项工作。因为一个数据可能影响到结果，一个结果可能影响到决策，而一个错误的决策可以决定一个公司的命运，有一个公式非常适用此种情况，即：1% 的错误 =100% 的失败。

案例陈述

某一年，临近黄河岸畔有一片村庄，为了防止黄患，农民们筑起了巍峨的长堤。一天有个老农偶然发现蚂蚁窝一下子猛增了许多，老农心想这些蚂蚁窝究竟会不会影响长堤的安全呢？他要回村去报告，路上遇见了他的儿子。老农的儿子听了不以为然说：偌坚固的长堤，还害怕几只小小蚂蚁吗？拉老农一起下田了，当天晚上风雨交加，黄河里的水猛涨起来，咆哮的河水从蚂蚁窝渗透出来，继而喷射，终于堤决人淹。

"千里之堤，溃于蚁穴"的故事，几乎所有人都知道。千里大堤，狂风巨浪未能移其毫厘，可谓牢不可破。然而蝼蚁入侵，日削月割，大堤最终倒塌。正因为这些常常被忽略掉的蝼蚁，才使得看似牢不可破的大堤变得脆弱不堪。因此，细节性的问题往往会成为致命的问题。由此可知，想要成为一名成功的数据分析师，细心是必不可少的，即在数据分析过程中，对待每一个细节都不能掉以轻心。同时，还需要对数据特别敏感，因为一个细小的异常就可能造成无法挽回的后果。

3. 平常心

别人在休闲娱乐，并愉快地发着朋友圈，你还在加班，还在费尽脑子一遍遍核查数据。当你想要早点结束数据的分析工作时，Excel 的反应却越来越慢，有时甚至会无故停止运行或电脑自动关机。此时，你还有耐心完成你的工作吗？

数据处理需要具备一颗平常心，需要冷静和耐心地看待各种问题，面对工作上的困难做到不骄不躁，找出真正的原因并积极处理问题。简单来说，就是数据分析师需要修炼出一颗平常心，理性做事而不感情用事，洞察事物的本质，做到实事求是，用数据、事实和规律说话，其他"歪门邪道"都要摒弃。

4. 合意

合意就是合乎对方的情义，即满足需求方的分析目的和需求，需求方可以是上级管理人员及其他合作部门等。对于刚入职的新人而言，常常会遇到这样的情形，就是自己辛辛苦苦写出来的数据分析报告，却因为不合乎需求方的目的与需求，而被要求返工。

因此，对于这类型员工来说，在进行数据分析之前，不是要先考虑该如何提前完成工作，而是应该了解清楚需求方想要什么东西。在进行数据分析时，还要不断反馈分析过程中的细节与进度，进而确定自己的工作没有脱离需求方的需求轨迹。当然，如果自己发现需求方制定的目标与需求存在些许问题，要及时提出来，与其通过讨论后得出最终方案。如果需求方不采纳自己的建议，千万不能一意孤行，擅自修改需求方的目的与需求，这样可能得不偿失。

5. 诚心诚意

许多刚刚大学毕业的求职者可能都经历过，当时的想法就是想要立马寻找一份工作，不管工资待遇、不管公司是做什么的，也不管是否具有发展前途，但往往这类型求职者很难找到工作，为什么呢？人力资源管理者常常会觉得：你连我们的工作是做什么的都不清楚，我凭什么要录用你？

这也就说明，不管做什么事情，是学习东西还是找工作，如果是只抱着随便看看的态度，那么也就不会轻易达到自己的目的。因此，想要成为一名成功的数据分析师，诚心诚意不可少，这是严谨的数据分析师应该具备的一种素质，只有对数据分析工作做到严谨负责，才能保证最终的分析结果准确客观。

5.1.2　数据处理的步骤

数据准备好以后，并不能立即对其进行分析，虽然通过一些优化操作让整个工作表更加美观，但是里面的数据所要传递出来的信息并没有得到优化。仔细查看，还会觉得这些数据杂乱无章、残缺不全。此时，就要求数据分析师具备清洁工的精神，需要将数据处理得干干净净、整整齐齐，并将残缺的数据补修齐全。为了实现这个目的，数据分析师可以按照以下的数据处理步骤来操作。

1. 第一步　数据清洗

数据清洗是指发现并纠正数据文件中可识别的错误的最后一步，主要包括检查数据一致性、处理无效值和缺失值等。

(1) 残缺数据。该类数据主要是一些应该有的信息缺失，如供应商名称、员工编号、客户区域信息以及业务系统中主表与明细表不匹配等。将残缺数据过滤出来，按缺失的内容分别写入不同 Excel 文件，并向相关负责人提交，要求其在规定的时间内将缺失数据补全，补全后再添加入主体数据文件中。

(2) 错误数据。该类数据出现错误的原因是业务系统不够健全，在接收输入后没有进行判断而是直接将其作为最终数据造成的，如数值数据输成全角数字字符、字符串数据后面有空格以及日期格式不正确等。

(3) 重复数据。该类数据出现的主要原因是录入数据时不细心，或数据量过大导致重复录入，下一节会对其处理方法进行详解。

数据清洗是一个反复的过程，通常不会在几天之内就能完成，需要不断地发现问题，解决问题。对于是否过滤、是否修正一般要求相关人员确认，对于过滤掉的数据写入 Excel 文件或者将过滤后的干净数据写入 Excel 文件，同时要求相关人员尽快地修正错误，并将相关文件做好保存以便作为将来验证数据的依据。

2. 第二步　数据加工

经过清洗后的数据，并不一定就是数据分析师想要的数据。例如，客户身份证号码，可能只需要抽取其中的出生年月日的信息，以此在客户生日时送上祝福。因此，在对数据进行清洗后，还需要对数据字段进行信息的提取、计算、分组及转换等加工处理，使其变成有用的数据表。

其实，数据清洗与数据加工很好理解，这与许多绞在一起的毛线比较相似。第一步，需要将这些毛线打散，然后将其清理出来，每种颜色分别整理在一起，这就类似于数据的清洗，即量的变化；第二步，就是对这些清理出来的毛线进行加工，可以用来织毛衣、编手套等，它们具有不同的处理方法，也就是通过不同方式进行了加工。

由此可知，数据分析的目的就是数据处理，将收集到的数据用适当的方式进行整理和加工，最终形成适合数据分析的要求形式，该过程也是数据分析必不可少的一个环节，更是需要数据分析师重点关注的一个要点。

5.2 数据处理的必备基础知识

数据处理是对数据的采集、存储、检索、加工、变换和传输，以从大量杂乱无章的数据中抽取出有价值和有意义的数据，在 Excel 中主要是通过公式和函数来进行数据处理。

5.2.1 公式和函数基础

虽然基础知识很枯燥，但是对于数据分析而言是非常重要的。因此，想要提高数据分析的效率，并减少分析过程中的错误，就需要具备扎实的公式和函数的基础知识。

1. 公式

如果想要汇总员工本月工资、依据员工的产品销售量计算年终奖等，是不是需要通过计算器来一步步计算，然后将最终结果录入 Excel 工作表中呢？当然不是，这种方法不仅效率低，而且错误率高，还不灵活，随意修改一个数据就需要重新手动计算一次。那么是不是有什么比较好用的方法？当然有，不过首先需要来认识 Excel 工作表中公式的运用方法。

公式是 Excel 工作表中用于计算数据结果的等式，简单的公式有加、减、乘、除等计算。公式总是以等号 "=" 开始，紧随等号之后的是需要进行计算的元素 (操作数)，各操作数之间以算术运算符分隔，即使用不同的运算符将各种计算数据连接起来，从而有目的地完成某种数据结果的计算，图 5-1 所示为一个非常简单的公式。

$$=A1+B1-C1$$

图 5-1

使用公式可以方便地处理工作表中的数据，并且可以对公式中的数据进行数字计算、逻辑比较、文本链接等。从图 5-1 中可以看出，等号、单元格引用、常量与运算符等元素都是构成公式的基本元素。在 Excel 中，对于公式中的 A1、B1 和 C1 等数据又统称为公式的参数。其中，组成公式的各个元素的具体操作的要求如下。

(1) 等号 (=)。公式区别于其他常规数据就是因为公式必须以等号开始，等号是其必不可少的部分；否则系统将自动识别为常规数据。

(2) **运算符**。运算符是公式的基本元素之一，利用它可以对公式的参数进行特定类型的运算。

(3) **参数**。参数主要是指参加运算的一系列数据，可以是数值、单元格引用、函数或自定义的名称等。在公式中，对参数的个数没有限制，可以根据实际计算需要来设置数据的参数个数。

2. 函数

许多人可能看到 Excel 的公式功能后，觉得自己的数据分析道路更加有希望了。那么现在新的问题又来了，即便是知道可以利用公式快速、准确地计算数据，但也只会使用一些简单的加法、减法、乘法和除法操作，如遇到某些复杂的数据就束手无策了。此时，就需要先来了解一下 Excel 中的函数。

Excel 中的函数其实是一些预定义的公式，是由系统事先将参数按照某种特定顺序和结构预定好，用于完成某些特殊计算和分析的功能模块。可以说，函数作为 Excel 处理数据的一个最重要手段，功能十分强大，在数据分析中具有多种作用，甚至可以帮助我们设计复杂的统计管理表格或者小型的数据库系统。图 5-2 所示为一个非常简单的函数。

$$SUM\,(A4{:}A40)$$

图 5-2

从图 5-2 中可以看出，函数主要包括函数名、括号与参数等元素，其各个元素的具体作用和要求如下。

(1) **函数名**：在 Excel 工作表中，每个函数都有一个唯一的名称，且不区分大小写。函数名决定了函数的功能和用途，如图 5-2 中的求和函数 SUM()。

(2) **参数**：在函数中，参数的作用与公式中参数相同，根据不同的函数其所含有的参数个数也有所不同。

(3) **括号**：可以说括号就是函数的一个重要标识，其必须成对出现，而且必须是英文状态下输入的半角符号。

在利用函数计算数据时，还需要明确不同函数返回的数据类型不同，也就是不同函数的参数类型也不相同。其中，函数的参数类型有很多种，可以是数字、文本、逻辑值 (如 TRUE、FALSE)、数组或单元格引用等，也可以是常量、公式或其他函数，而给定的参数必须能产生有效的值，其具体介绍如下。

（1）常量。常量是直接输入到单元格或公式中的数字或文本值，或由名称所代表的数字或文本值，在计算过程中的常量值不会发生改变，如日期 2017/4/17、数字 10230 或文本"Microsoft Office"等都是常量。不过，公式或者通过公式计算出来的数值不是常量。

（2）数组。用于建立可产生多个结果或可对存放在行和列中的一组参数进行运算的单个公式，Excel 中有区域数组和常量数组两大类。区域数组是一个矩形的单元格区域，该区域中的单元格共用一个公式；常量数组将一组给定的常量用作某个公式中的参数。

（3）单元格引用。用于表示单元格在工作表所处位置的坐标值。例如，显示在 C 列和第 4 行交叉处的单元格，其引用形式为"C4"。

（4）逻辑值。逻辑值只包括两种类型，分别是逻辑真值 (TRUE) 和逻辑假值 (FALSE)。

（5）错误值。错误值是指在计算过程中得到的错误结果，如"#NAME""#N/A"等值都是错误值。

5.2.2 使用公式与函数的方法

在很多 Excel 工作表中都会使用到公式与函数，如基本销售报表中统计员工月销售数量、公司预算中年度收入总和及商业发票中的税款计算等。因此，掌握公式与函数的使用方法，可以帮助我们再也不用加班加点地计算数据。

1. 利用公式计算数据

由于不同的数据具有不同的功能，所以对数据的处理也就有两种计算方式，分别是简单计算和复杂计算。不过，无论选择哪种方式计算数据，都要在工作表中的相应位置输入公式，输入公式的位置有两个，一个是在单元格中输入，另一个是在编辑栏中输入。其具体介绍如下。

（1）**在单元格中输入公式**。选择计算结果的单元格后，双击单元格插入文本插入点，输入一个等号"="，然后手动输入需要引用的单元格地址，或者使用鼠标选择需要引用的单元格地址即可。

（2）**在编辑栏中输入公式**。选择计算结果的单元格后，在编辑栏中输入一个等号"="，然后手动输入需要引用的单元格即可。

某公司最近的员工报销费用突然急速上升，已经趋于异常状态。为了找出出现这种情况的原因，需要对公司最近 3 个月的报销情况进行分析。由于每个员工的报销费用表中都涉及了多项费用，所以需要计算其报销总费用，为了提高工作效率与数据的正确性，下面采用公式来进行计算。

在工作表中选择需要输入计算公式的单元格，如选择 C18 单元格，在其中输入等号 "="。选择 C12 单元格，然后输入 "+" 算术运算符完成公式中第一部分的输入。采用相同方法输入公式中的其他部分并完成公式的输入，如图 5-3 所示。

图 5-3

按 Ctrl+Enter 组合键 (或在编辑栏中单击 "输入" 按钮) 确认输入的公式，计算出该员工 2017 年 2 月 27 日交通总费用，并用相同方法计算出其他日期的交通总费用，如图 5-4 所示。

图 5-4

2. 利用函数计算数据

行业不同、工作不同，其数据分析的对象就不同，数据的种类也就不同。不过，对于某些数据的计算却可以通过同一个函数来处理。因此，要善于分析目标数据，并最终选择最合适的函数来计算数据。虽然 Excel 系统提供了很多种类型的函数，但是需要知道不同的函数其所应用的范围有所不同。根据函数功能的不同，可以将其划分为以下几类。

(1) 数据库函数。当需要分析数据清单中的数值是否符合特定条件时，可以使用数据库工作表函数。例如，在一个包含销售信息的数据清单中，可以计算出所有销售数值大于 500 且小于 1000 的行或记录的总数。Excel 系统提供了 12 个工作表函数，主要用于对存储在数据清单或数据库中的数据进行分析，这些函数的统一名称为 Dfunctions(也称为 D 函数)，每个函数都有 3 个相同的参数，即 Database、Field 和 Criteria。其中，Database 为工作表上包含数据清单的区域，Field 为需要汇总的列的标志，Criteria 为工作表上包含指定条件的区域。

(2) 日期与时间函数。通过日期与时间函数，可以在公式中分析和处理日期值和时间值。例如，DATE 函数用来返回代表特定日期的序列号、TIME 函数用来返回某一特定时间的小数值等。

(3) 工程函数。工程工作表函数主要用于工程分析，此类函数中的大多数函数可分为 3 种类型，即对复数进行处理的函数、在不同的数字系统 (如十进制系统、八进制系统和二进制系统等) 间进行数值转换的函数和在不同的度量系统中进行数值转换的函数。

(4) 财务函数。财务函数可以进行一般的财务计算，确定贷款的支付额、投资的未来值或净现值以及债券或息票的价值等操作都可以使用财务函数。例如，DB 函数可以计算固定资产折旧值，FV 函数可以基于固定利率及等额分期付款方式返回某投资的未来值等。其中，财务函数中常见的参数：未来值 (fv) 是指在所有付款发生后的投资或贷款的价值；期间数 (nper) 为投资的总支付期间数；付款 (pmt) 是指对于一项投资或贷款的定期支付数额；现值 (pv) 是指在投资期初的投资或贷款的价值；类型 (type) 为付款期间内进行支付的间隔，如在月初或月末；利率 (rate) 为投资或贷款的利率或贴现率。

(5) 信息函数。使用信息工作表函数可以确定存储在单元格中的数据类型。另外，信息函数包含一组称为 IS 的工作表函数，在单元格满足条件时返回 TRUE，即确定单元格是否为空。例如，如果单元格包含一个偶数值，则 ISEVEN() 函数返回 TRUE。

(6) 逻辑函数。使用逻辑函数可以测试是否满足某个条件，并判断逻辑值。该类函数只包含 AND()、FALSE()、IF()、IFERROR()、IFNA()、IFS()、NOT()、OR()、TRUE()、SWITCH() 和 XOR() 这 11 个函数。

(7) 查询和引用函数。当需要在表格中查找特定数值，或者需要查找某单元格的引用时，可以使用查询和引用工作表函数。例如，LOOKUP() 函数可以用来从单行或单列区域，或者从一个数组查找值。

(8) 数学和三角函数。数学和三角函数可以用来计算数学和三角方面的数据，其中三角函数采用弧度作为角的单位，而不是角度。例如，ABS() 函数用来返回数字的绝对值，RADIANS() 函数可以把角度转换为弧度。

(9) 统计函数。统计函数用于对数据区域进行统计分析。例如，AVERAGE() 函数用来统计多个数据的平均值，MAX() 函数用来统计一组数据中的最大值。

(10) 文本函数。通过文本函数，可以在公式中处理字符串。例如，TEXT() 函数可以将数值转换为文本，VALUE() 函数可以将代表数字的文本字符串转换为数字。

(11) 用户自定义函数。如果要在公式或计算中使用特别复杂的计算，而 Excel 系统提供的函数又无法满足需要，则需要创建用户自定义函数。这些函数被称为用户自定义函数，可以通过使用 VBA(Visual Basic for Applications) 来创建。

从上述内容可以可看出，Excel 系统提供了多种类型的函数，而且每种类型的函数中又包含了多个函数。我们的大脑不是机器，无法记住这么多的函数，那么该怎么办呢？此时需要重提那句话，即一切计算都是从等号 "=" 开始，熟记这句话就可以使数据计算变得简单。当遇到需要使用的函数，但是又无法拼写出来时，就可以直接使用搜索功能快速找到目标函数。使用搜索功能前，需要单击 "公式" 选项卡的 "函数库" 选项组中的 "插入函数" 按钮，在打开的 "插入函数" 对话框中进行。

◆ **根据名称查找函数。** 在 "插入函数" 对话框中选择任意一个函数，然后在键盘上按函数的前几个字母对应的键，此时在 "选择函数" 列表框中便会自动跳到以该字母开头的函数处，如图 5-5 左图所示。

◆ **根据功能查找函数。** 在 "插入函数" 对话框的 "搜索函数" 文本框中输入函数功能的关键字，如 "平均值"，然后单击 "转到" 按钮，系统将会自动查找与关键字相关的函数，并显示在 "选择函数" 列表框中，如图 5-5 右图所示。

图 5-5

在前面介绍公式时，由于需要对某公司最近 3 个月的报销情况进行分析，其中利用公式对员工每天的交通总费用进行了计算。由于每天的交通费用涉及的项目不同，如英里报销、停车收费及汽车租赁等，如果都按照上述方法依次相加，就需要输入较长的公式，很容易出现漏加的情况。此时，可以利用函数来简化操作。

在工作表中选择需要输入计算公式的单元格，如选择 J18 单元格，在"公式"选项卡的"函数库"选项组中单击"自动求和"下拉按钮，选择"求和"选项。此时，将自动计算出数据的和值，如图 5-6 所示。

图 5-6

知识补充 | 查看函数帮助信息

在"插入函数"对话框或"函数参数"对话框中，单击"有关该函数的帮助"超链接，在打开的帮助对话框中即可查询到指定函数的使用方法。

对数据进行清理与检查

其实，刚刚准备好的数据让人看到都会觉得很烦躁，因为这些数据往往非常杂乱，让人毫无头绪。此时，就需要对重复数据进行清理，并检查数据的完整性。

5.3.1　处理数据源中的重复数据

了解人力资源管理中招聘面试的人可能知道，许多面试者喜欢习惯性地在自己的简历中填写精通 Excel，或者在面试时问他具有哪方面的技能，面试者直接回答精通 Excel。为什么 Excel 这么容易就能到达精通的地步呢？是因为 Excel 真的特别简单吗？当然不是，如果你问他掌握了几种Excel快速处理重复数据的方法，估计能回答上来1～2个已经算不错了，甚至有的人可能会一条条去依次查看。

在 Excel 中，我们经常要处理数据清单，如员工档案和产品明细等。这种数据中有可能存在重复的数据，需要进行处理。基于不同的情况，对重复数据的处理是不同的。一般来说，可以把实际工作中对重复数据的处理归结为以下几种情况。

1. 识别重复数据

某酒店每天都需要制定第二天的食品采购清单，以便第二天一大早可以快速采购到最新鲜的食材，食品采购清单中记录了需要购买的所有产品。不过，酒店的某部门需要基于这个采购数据进行后续的数据分析，这就要求食物采购清单中的每个数据只能出现一次，即要求数据的唯一性。

1) 函数法

对于要求数据唯一性的表格来说，需要找出其中重复的数据，然后有针对性地进行分析，看看是什么原因导致了这些数据的重复，是食材需要重复购买还是因为粗心输入了重复数据。而识别表格中重复数据的常用方法就是函数法，此时就需要使用到 COUNTIF() 函数，下面就来具体看看。

在项目名称列后面添加一个辅助列，标题名为"重复标记"。选择 E5 单元格，在其中输入公式"=COUNTIF($D$5:$D$24,D5)"，按 Ctrl+Enter 组合键。然后在 E5 单元格右下角拖动填充柄将公式填充整个重复标记列对应区域，如图 5-7 所示。

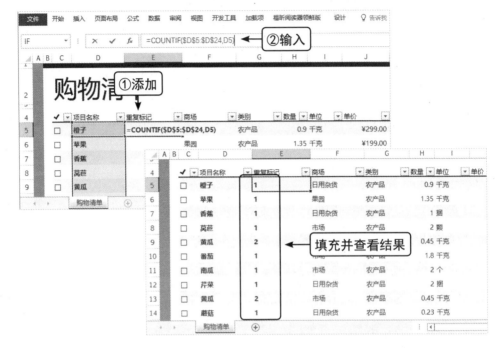

图 5-7

从图 5-7 所示的操作中可以看出，"重复标记"列中值为 1 所对应的是非重复数据，大于 1 的对应的是重复数据。例如，黄瓜的重复标记为 2，即表示食品采购清单中的黄瓜具有两行信息。

知识补充｜相对引用和绝对引用的区别

想要引用单元格进行计算，首先需要弄清楚单元格的相对引用与绝对引用的区别。

公式中的相对单元格引用（如 A1）是基于包含公式和单元格引用的单元格的相对位置。如果公式所在单元格的位置改变，引用也随之改变。如果多行或多列地复制公式，引用会自动调整。例如，如果将单元格 B2 中的相对引用复制到单元格 B3，将自动从"=A1"调整到"=A2"。

公式中的绝对单元格引用（如 $A$1）总是在指定位置引用单元格。如果公式所在单元格的位置改变，绝对引用保持不变。如果多行或多列地复制公式，绝对引用将不作调整。例如，如果将单元格 B2 中的绝对引用复制到单元格 B3，则在两个单元格中的引用格式一样，都是 $A$1。

2) 条件格式法

虽然使用函数法可以识别出重复数据，不过在识别出来后还需要自己判断哪些数据重复了。此时，还有一个更加好用的方法，那就是条件格式法。利用该方法可以用可视化的显示方式使所有重复数据变色显示，这样就可以一眼就看到表格中重复的数据。

选择食材名称所在的单元格区域，在"开始"选项卡的"样式"选项组中单击"条件格式"下拉按钮，选择"突出显示单元格规则"→"重复值"命令。打开"重复值"对话框，在"为包含以下类型值的单元格设置格式"栏下的第一个下拉列表框中选择"重复"选项，在第二个下拉列表框中选择"浅红填充色深红色文本"选项，然后单击"确定"按钮即可高亮显示重复数据，如图 5-8 所示。

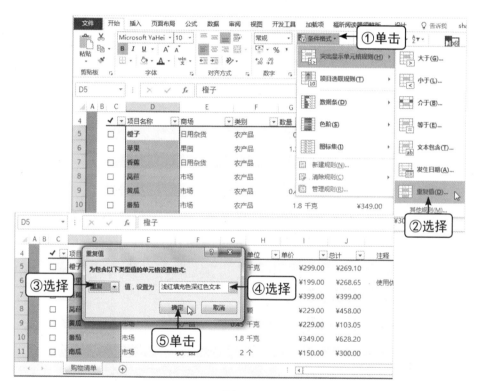

图 5-8

设置完成后返回到工作表中，可以发现重复的数据以高亮颜色的状态显示，这就使得所有的重复数据都一目了然。

知识补充 | 新建条件格式显示重复数据

在条件格式法中，除了可以直接通过"重复值"命令来显示重复数据外，还可以通过新建条件格式来实现，其具体操作如下。

选择目标数据名称所在的单元格区域，在"开始"选项卡的"样式"选项组中单击"条件格式"下拉按钮，选择"新建规则"命令。在打开的"新建格式规则"对话框的"选择规则类型"列表框中选择"使用公式确定要设置格式的单元格"选项，在"为符合此公式的值设置格式"文本框中输入公式，如"=COUNTIF($D$5:$D$24,D5)>1"，单击"格式"按钮。打开"设置单元格格式"对话框，单击"填充"选项卡，选择目标背景色选项，然后依次单击"确定"按钮完成设置，如图5-9所示。

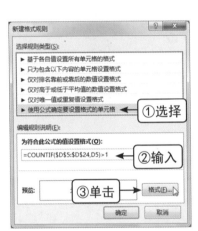

图 5-9

2. 删除重复数据

通过对重复数据进行分析后得知，这些重复数据并不是所需要的，此时就需要将重复数据删除，每条数据只保留一条。在 Excel 中删除重复数据的方法有多种，如通过菜单操作删除重复数据、通过排序删除重复项等，其具体介绍如下。

1) 通过菜单操作删除重复数据

在"数据"选项卡的"数据工具"选项组中单击"删除重复项"按钮。在打开的"删除重复项"对话框的"列"列表框中选择需要删除重复数据的选项，即选中"项目名称"复选框，单击"确定"按钮。在打开的提示对话框中单击"确定"按钮，即可删除重复数据，如图5-10所示。

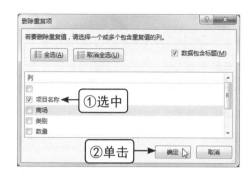

图 5-10

2) 通过排序删除重复项

前面采用函数法识别重复值的方法得到了图 5-7 所示的"重复标记"列，可以利用该列采用排序的方法删除重复项。

选择"重复标记"列中的任意一个含有数据的单元格，在"开始"选项卡的"编辑"选项组中单击"排序和筛选"下拉按钮，选择"降序"命令。此时，工作表中的数据将重新排序，重复项显示在前面，直接将其删除即可，如图 5-11 所示。

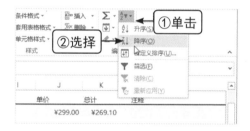
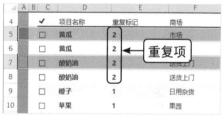

图 5-11

5.3.2　检查数据的完整性

在实际的数据分析过程中，缺失数据的情况经常发生，甚至是无法避免的。因此，在大多数情况下，信息系统存在着漏洞或在某种程度上来说是不完善的。如果数据缺失得太多，则说明数据在收集过程中存在严重的问题。通常情况下，数据分析中所能接受的标准是缺失值在 10% 以内。缺失值就是指数据值集中某个或者某些属性的值是不完全的，缺失值产生的原因有多个方面，主要有以下几种。

◆ **有些信息暂时无法获取**。例如，公司学员的培训效果，培训效果通常是一个长期性的体现，并不是说培训完成就能立马收到成效，而是要在员工后期的工作绩效中才能体现出来。

◆ **有些信息被遗漏。** 这部分遗漏的数据通常是在录入数据时认为不重要、忘记填写或对数据理解错误而造成的，也可能是由于数据采集设备的故障、存储介质的故障、传输媒体的故障及其他人为因素等导致其丢失。

◆ **有些对象的某个或多个属性不可用。** 简单来说，就是对于这个对象而言，该属性值并不存在。例如，一名未婚员工的配偶姓名与年龄，一名学生的固定收入情况等。

◆ **信息获取需要较大代价。** 由于某些数据需要通过专门的渠道获取，这通常需要给予一定的资金购买，或者具有一定权利才能获得，这就需要付出较大代价，可能付出与获得也不对等。

虽然数据出现缺失是比较常见的现象，但为了不让其影响到数据分析，就需要从大量数据中将其找出来。如果缺失数据是以空白单元格的形式出现在工作表中，那么想要找到这些空白的单元格，就需要通过查找的方式来进行。其中，最便捷的方式就是采用定位条件功能。

在"开始"选项卡的"编辑"选项组中单击"查找和替换"下拉按钮，选择"定位条件"命令。在打开的"定位条件"对话框中选中"空值"单选按钮，单击"确定"按钮，即可将所有空值都一次性选定出来，如图 5-12 所示。

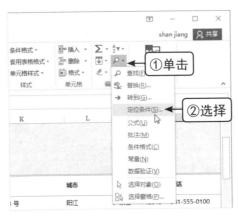
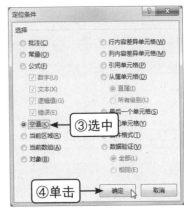

图 5-12

现在将空值查找出来后，应该如何对这些缺失值进行处理才最合适呢？通常缺失值主要有以下 4 种处理方法。

(1) 使用一个样本统计量的值替代缺失的数据，最常见的做法是使用该变量的样本平均值替代确实的数据。

(2) 使用一个统计模型计算出的值去替代缺失的数据，通常使用的模型有回归模型和判别模型等，不过使用该方式需要通过专业数据分析软件进行操作才行。

(3) 直接将有缺失数据的记录删除，不过此种方法将可能导致样本量的减少。

(4) 将有缺失数据的记录保留，不过需要在相应的分析中做必要的排除。当调查的样本量比较大，缺失数据的数量又不是很多，且变量之间也没有很大的相关性的情况下，采用这种方式处理缺失数据比较适用。

知识补充 | 利用查找和替换功能处理缺失的数据

　　若缺失的数据以错误标识的形式出现，则可以采用查找替换来处理。例如，要将错误标识 "#DIV/0!" 替换为 "0"，那么只需要在 "查找和替换" 对话框的 "查找内容" 下拉列表框中输入 "#DIV/0!"，在 "替换为" 下拉列表框中输入 "0"，单击 "全部替换" 按钮即可完成操作。

对数据源进行二次加工

5.4

　　数据源清洗完成后，就需要对其进行二次加工。对数据源进行二次加工的主要目的是，因为工作表中的数据字段还无法满足数据分析的要求，还需要对数据源中的数据进行抽取与计算。

5.4.1　在数据源中抽取数据

　　数据抽取是从数据源中抽取数据的过程，即保留原数据表中的部分字段信息，并将其组合成一个新的字段，常见的手法有字段列的拆分与合并、多表数据合并到一起及利用函数抽取字段的指定部分等。

　　1. 字段列的拆分与合并

　　1) 字段分列

　　婚庆公司帮助某对新人制定了一份 "婚礼邀请追踪器"，其中将来宾所在的省份与具体城市填写在了同一个单元格中，现在需要将其划分开来。此时，可以采用字段分列的方法将省份与城市的信息单独抽取出来。

在需要拆分的数据后面插入一个空白列，并输入列名，选择需要拆分的数据区域，在"数据"选项卡的"数据工具"选项组中单击"分列"按钮。打开"文本分列向导 - 第 1 步"对话框，在"请选择最合适的文件类型"栏中选中"分隔符号"单选按钮，然后单击"下一步"按钮，如图 5-13 所示。

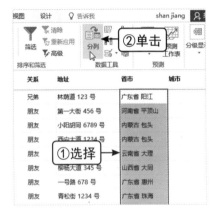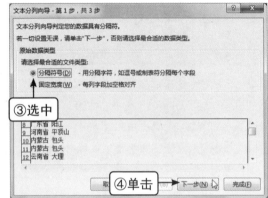

图 5-13

打开"文本分列向导 - 第 2 步"对话框，根据需要选择分隔符号，由于表格中的目标数据是以空格的形式分开，所以在"分隔符号"栏中选中"空格"复选框，单击"下一步"按钮。在打开的"文本分列向导 - 第 3 步"对话框中保持默认设置，然后单击"完成"按钮即可，如图 5-14 所示。

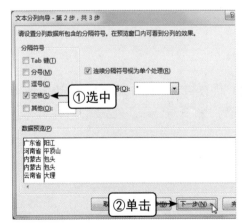

图 5-14

> **知识补充｜利用函数获取数据中的字段**
>
> 　　如果要拆分的数据中有特定的分隔符时，采用以上方式进行分列是比较便捷的。但有时需要提取数据中的特定几个字符或其中的第几个字符，并没有特定的分隔符时，该怎么办呢？此时，可以利用 LEFT() 和 RIGHT() 函数来解决。
>
> 　　LEFT(text,[num_chars])：从文本字符串的第一个字符开始返回指定个数的字符。
>
> 　　RIGHT(text,[num_chars])：根据所指定的字符数返回文本字符串中最后一个或多个字符。

2) 字段合并

　　字段合并相对于字段分列而言，就是把多个单元格中的数据合并到一个单元格中。举一个简单的例子来理解，A 列中的数据是"201×年"，B 列中的数据是"×月×日"，然后需要将这两列的数据合并成 C 列"201×年×月×日"。此时，最常用的方法就是利用 CONCATENATE() 函数来实现，CONCATENATE() 函数的作用就是将几个文本字符串合并为一个文本字符串。

　　新建一个空白列用于存放合并后的数据，并输入该列的标题"日期"。选择日期列的第一个空白单元格"C6"，在其中输入公式"=CONCATENATE(A6,B6)"。按 Ctrl+Enter 组合键，并将公式填充到其他单元格中，如图 5-15 所示。

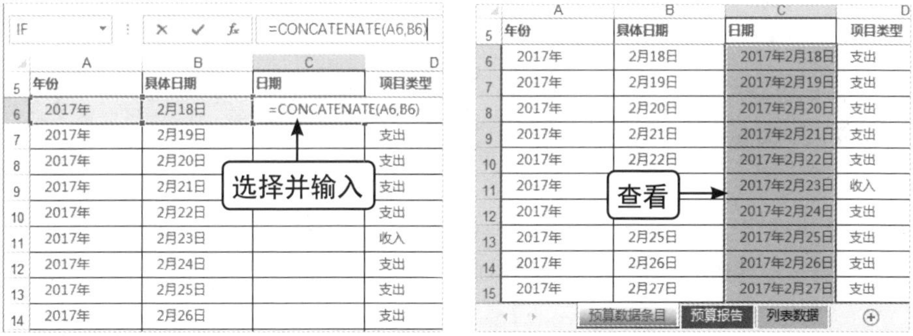

图 5-15

2. 字段匹配

　　虽然字段列的拆分与合并可以将单个单元格的数据拆分或多个单元格的数据合并，但这都是从原始数据中的某些字段中提出信息。如果原数据中没有所需要的数据，但其他工作表中有，此时就需要从其他工作表中获取合适的数据，这就要用到字段匹配。

　　几乎所有的公司都会在每个月的固定几天制定员工工资表，通常员工工资都涉及多个项目，如基本工资、考勤工资及其他福利工资等，如果每个项目都是手动录入和计算，将会花费较大时间与精力，而管理人员和员工只需要看最终的结果，此时就需要人力资源管理部门将所有数据汇总到一张表中。

图 5-16 所示为福利表、员工出勤统计表和员工工资表，员工工资表中除了具有基本工资与奖金外，还需要录入福利工资和考勤工资。此时，就需要将福利表和员工出勤统计表中的部分数据截取到员工工资表中。

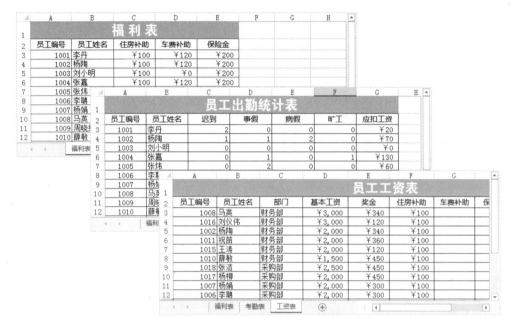

图 5-16

那么，又该如何将多个工作表中的数据截取到一起呢？难道是通过复制、粘贴的形式？当然不是，复制、粘贴只是对数据的值进行截取，如果福利表或员工出勤统计表中的数据发生改变，员工工资表中的数据不会随之改变，这样很可能导致工资错发。最好的方式就是通过函数来实现，其具体操作如下。

在员工工资表中，选择 F3 单元格，在编辑栏中输入"=VLOOKUP(A3,福利表 !$A$3:$E$20,3,FALSE)"，按 Ctrl+Enter 组合键获取福利表中的住房补助数据，并将该公式填充到该列的其他单元格中。以相同的方法，从福利表中分别获取车费补助和保险金，并依次填充到对应的单元格中，如图 5-17 所示。

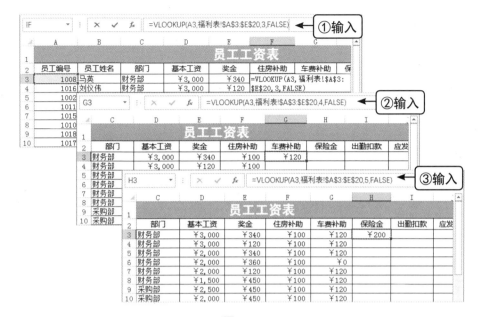

图 5-17

选择"I3"单元格，在编辑栏中输入"=VLOOKUP(A3, 考勤表 !$A$3:$G$20,7, FALSE)"，按 Ctrl+Enter 组合键获取考勤表中的出勤扣款数据，并将该公式填充到该列的其他单元格中，如图 5-18 所示。

图 5-18

知识补充 | VLOOKUP() 函数的含义与用法

VLOOKUP() 是一个查找函数，给定一个查找的目标，它就能从指定的查找区域中查找并返回想要查找到的值。它的基本语法格式为：VLOOKUP（查找目标，查找范围，返回值的列数，精确 OR 模糊查找）。

5.4.2 计算需要的数据结果

如果需要的数据无法直接从其他地方获取，但是可以考虑通过其他数据的计算结果来获取。例如，知道了产品的销售金额（单价）与销售数量，但现在需要对销售总额进行分析，此时可以通过销售金额（单价）乘以销售数量来得到销售总额。

数据计算主要涉及两方面，分别为简单计算和函数计算。简单计算很简单，即数字的加、减、乘、除的运算。而函数计算就比较复杂，下面来看看常见的一些函数计算。

1. 平均值的计算

某工厂为了提高经济效益，常常会进行成本的控制，其中平均成本就是成本控制中的一个重要参数。其实，计算平均值应该是比较常见的操作，因为工作中很多场合都需要对某个数据或某些数据计算其平均值。例如，计算本月产品的平均销量、员工年底绩效考核的平均值及各部门办公用品的平均消费等。

对于这类数据的计算可以使用 AVERAGE() 函数来实现，AVERAGE() 函数主要用于计算给定数据的平均值，其语法结构是：AVERAGE(number1,[number2],...)，number参数表示要计算平均值的数值或引用的数值，数量是可选的，但最多可包含 255 个。

选择存放平均值的目标单元格，在"公式"选项卡的"函数库"选项组中选择"其他函数"→"统计"→ AVERAGE 命令。打开"函数参数"对话框，在 AVERAGE 选项组中设置 AVERAGE() 函数参数值，即需要计算平均值的单元格区域，单击"确定"按钮，如图 5-19 所示。

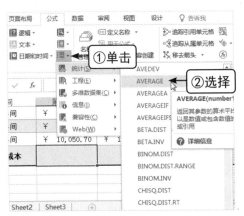
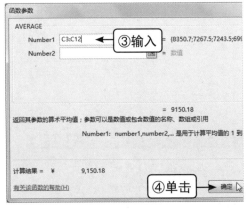

图 5-19

2. 数目的统计

了解消费者的消费习惯与消费倾向，可以为公司下一步策略方案的制订提供支持，使公司产品的生产和销售等更具有针对性。想要了解消费者的消费习惯与倾向，可以通过对已有的消费数据进行分析，进而制定进一步的发展方针。由于某公司主要销售的产品为饰品，现在需要对会员消费情况进行统计，以此得出消费数据。

虽然使用数据的分类功能也能对指定的数据进行统计，但是该方式只能对确定的关键字的值进行统计，对于某些范围内的数据的统计，可以通过统计函数中的COUNTIF() 函数来完成。使用 COUNTIF() 函数可以统计单元格区域中满足给定条件的单元格数量，其语法结构为：COUNTIF(Range,Criteria)。

选择存放数据的目标单元格，在"公式"选项卡的"函数库"选项组中选择"其他函数"→"统计"→ COUNTIF 命令。打开"函数参数"对话框，在 COUNTIF 选项组中分别设置 Range 和 Criteria 参数值，单击"确定"按钮，如图 5-20 所示。

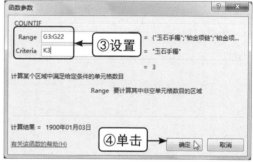

图 5-20

返回到工作表中，将公式填充到其他单元格中，即可查看到数据的最终统计效果，如图 5-21 所示。

	性别	通信地址	联系电话	消费商品	生日	备注		消费商品	人数
3	男	绵阳	1314456****	玉石手镯				玉石手镯	3
4	男	郑州	1371512****	铂金项链				铂金项链	5
5	女	泸州	1581512****	铂金项链				黄金耳环	3
6	女	西安	1324465****	玉石手镯				铂金戒指	5
7	男	贵阳	1591212****	黄金耳环				黄金耳环	3
8	男	天津	1324578****	铂金戒指					
9	女	杭州	1304453****	铂金戒指					
10	男	佛山	1384451****	珍珠项链					

图 5-21

3. 时间间隔的计算

在数据处理过程中，除了面对数字与文本格式的数据以外，还会对日期和时间格式进行处理。其实，日期和时间格式的数据也能进行计算，不过在学习其计算方法之前，首先需要知道其快速输入的方法。如果你还在使用手动输入当前日期"年月日时分秒"，那工作效率也就太低了，利用NOW()函数或者TODAY()函数就能轻松输入日期与时间，如表5-1所示。

表 5-1　输入当前的日期或时间

显示	公式
2017/4/21 10:22	=NOW()
2017/4/21	=TODAY()
10:22	——

对日期进行增减是经常会遇到的操作，如通过增加一周的时间来调整项目的完成时间。此时，只需要一个简单的加减符即可在原日期的基础上增加或减少时间天数。例如，在单元格 A1 中输入日期"2017/4/10"，在单元格 B1 中输入公式"=A4+10"，那么 B1 单元格中就会自动显示"2017/4/20"的数据。

对于比较复杂的日期计算，则需要利用 DATE() 函数来实现。例如，在单元格 A2 中输入日期"2017/4/10"，在单元格 B2 中输入公式"=DATE(YEAR(A2)+1,MONTH(A2)+2,DAY(A2)+3)"，那么 B2 单元格中就会自动显示"2018/6/13"的数据。在 DATE 函数中有 3 个参数，依次代表年、月、日。在公式"=DATE(YEAR(A2)+1,MONTH(A2)+2,DAY(A2)+3)"中，YEAR(A2)+1 表示在 A2 单元格的年份上加 1 年；MONTH(A2)+2 表示在 A2 单元格的月份上加 2 月；DAY(A2)+3 表示在 A2 单元格的天数上加 3 天。

第6章

利用工具快速分析数据

 **本章要点**

◆ 创建数据透视表的方法
◆ 合理地设计透视表的布局和格式
◆ 更改数据透视的汇总方式
◆ 刷新数据透视表中的数据
◆ 在数据透视表中使用计算字段
◆ 使用切片器分析数据

◆ 加载 Excel 分析工具库
◆ 数据的描述性统计分析
◆ 数据的抽样分析
◆ 数据的回归分析
◆ 数据的相关性分析

 **学习目标**

说到数据分析，可能许多人会想到利用 SPSS、SAS、Matlab 及水晶易表等专业软件进行，其实 Excel 里面自带的数据分析功能也可以完成数据分析工作，常用的就有数据透视表和分析工具库等，本章就来介绍如何在 Excel 中利用工具库快速分析数据。

知识要点	学习时间	学习难度
利用透视功能分析数据	50 分钟	★★★★
Excel 数据分析工具库的应用	70 分钟	★★★★★

利用透视功能分析数据

6.1

如果需要对表格中的部分或者全部数据进行分析，可以利用数据透视表快速获取需要的数据，并对其进行分类和计算等操作，这样就无须再使用手动方式操作表格，省去了许多麻烦。

6.1.1 创建数据透视表的方法

数据透视表就是对 Excel 表格中的各字段进行快速分类汇总的一种分析工具，它是一种交互式报表。简单来说，数据透视表就是普通表格生成的总结性报告，灵活地以多种不同方式展示数据，它能方便地查看工作表中的数据，可以快速合并和比较数据，从而便于数据分析师对数据进行分析。图 6-1 所示为数据透视表与普通表格的区别和联系。

日期	项目类型	费用项目	预算成本	实际成本	超过/低于	差额
2017/4/3	支出	官员	1,000.00	¥850.00	▶	¥150.00
2017/4/3	支出	安全	2,500.00	¥2,150.00	▶	¥350.00
2017/4/3	支出	活动工作人员	2,000.00	¥2,100.00	▶	-¥100.00
2017/4/3	支出	非员工活动工作人员	7,500.00	¥7,240.00	▶	¥260.00
2017/4/3	支出	制服	6,700.00	¥7,330.00	▶	-¥630.00
2017/4/3	收入	门票收入	7,100.00	¥7,500.00	▶	-¥400.00
2017/4/3	支出	用品，一般	1,600.00	¥1,450.00	▶	¥150.00
2017/4/3	支出	学生省内旅游	4,900.00	¥3,500.00	▶	¥1,400.00
2017/4/3	支出	学生省内旅游	7,600.00	¥7,250.00	▶	¥350.00
2017/4/3	支出	一般用品	8,500.00	¥4,750.00	▶	¥3,750.00
2017/4/3	支出	办公用品	6,600.00	¥2,000.00	▶	¥4,600.00
2017/4/3	支出	转出	8,600.00	¥3,500.00	▶	¥5,100.00
2017/4/3	支出	杂项	1,500.00	¥1,440.00	▶	¥60.00

通过整理数据，手动将学校体育预算的数据明细添加到表格中，完成数据表的制作

支出和收入		求和项:预算成本	求和项:实际成本	求和项:差额
收入		¥71,800.00	¥71,990.00	-¥190.00
	筹款	¥13,900.00	¥14,250.00	-¥350.00
	捐赠	¥15,200.00	¥15,000.00	¥200.00
	门票分享	¥3,400.00	¥3,500.00	-¥100.00
	门票收入	¥13,800.00	¥14,000.00	-¥200.00
	杂项	¥9,500.00	¥9,490.00	¥10.00
	转让	¥7,200.00	¥7,000.00	¥200.00
	转入	¥8,800.00	¥8,750.00	¥50.00
支出		¥101,100.00	¥86,300.00	¥14,800.00
	安全	¥2,500	¥2,150	¥350
	办公用品	¥12,300	¥7,500	¥4,800

将项目类型、费用项目、预算成本、实际成本和差额数据挑选出来，自动形成数据透视表

图 6-1

一张数据透视表只需要使用鼠标拖动字段位置，就可以变换出各种类型的数据分析报表。只需要指定所需要分析的字段、数据透视表的组织形式以及要计算的类型(求和、计数或平均)。如果原始数据发生改变，则可以刷新数据透视表来更改汇总结果。

通常情况下，数据透视表的创建主要分为两个步骤。首先，通过"插入"选项卡中的"表格"选项组来创建一个空白数据透视表；其次，通过"数据透视表字段列表"窗格向其添加显示字段。学校为了对体育费用的支出与收入进行控制和管理，以数据透视表的方式来统计分析项目类型、费用项目、预算成本、实际成本和差额数据，具体操作如下。

选择任意一个数据单元格，在"插入"选项卡的"表格"选项组中单击"数据透视表"按钮。打开"创建数据透视表"对话框，在"表/区域"文本框中设置需要创建数据透视表的数据源，选中"现有工作表"单选按钮，将文本插入点定位在"位置"文本框，在工作表中选择 A34 单元格，单击"确定"按钮，如图 6-2 所示。

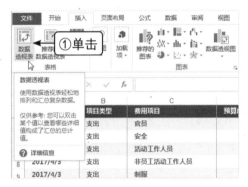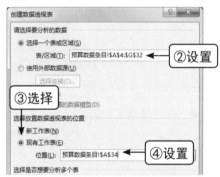

图 6-2

系统将自动创建一个名为"数据透视表 1"的空白数据透视表，并打开"数据透视表字段"窗格。在"选择要添加到报表的字段"列表框中分别选择目标字段的复选框完成操作，如图 6-3 所示。

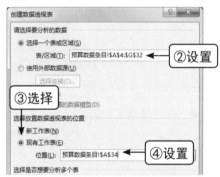

图 6-3

在"创建数据透视表"对话框中设置数据透视表的保存位置时，如果需要将创建的数据透视表保存到一个新的空白工作表中，可以选中"新工作表"单选按钮，单击"确定"按钮。此时，系统会自动创建一个空白工作表存放数据透视表，如图6-4所示。

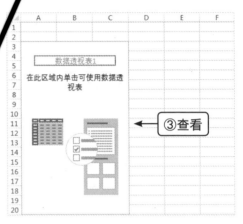

图 6-4

其实，添加显示字段的方法主要有3种，除了上述讲解到的一种，还有两种分别是通过拖动鼠标添加和通过快捷菜单添加，其具体介绍如下。

◆ **通过拖动鼠标添加**：在"数据透视表字段"窗格的"选择要添加到报表的字段"列表框中选择目标字段的名称，按住鼠标左键不放，拖动鼠标将其添加到目标位置，如图6-5左图所示。

◆ **通过快捷菜单添加**：在"数据透视表字段"窗格的"选择要添加到报表的字段"列表框中选择目标字段的名称，并右击，在弹出的快捷菜单中选择需要的命令，如图6-5右图所示。

图 6-5

在"数据透视表字段"窗格中有一个列表框和 4 个字段区域，分别是"选择要添加到报表的字段"列表框、"报表筛选"区域、"列标签"区域、"行标签"区域和"数值"区域，各区域的具体作用如下。

◆ **"选择要添加到报表的字段"列表框**：该列表框中显示了数据源 (并不一定是原始表格中的所有数据) 中的所有表头，选中的复选框即为在数据透视表中显示的内容。

◆ **"报表筛选"区域**：该区域主要用于确定基于数据透视表的筛选项。

◆ **"列标签"区域**：该区域主要用于定位字段的显示位置，即定位显示在数据透视表顶端的列。如果列字段有多个，则位置较低的列字段在紧靠上个字段的下方另一行显示。

◆ **"行标签"区域**：该区域主要用于定位字段的显示位置，即定位显示在数据透视表左侧的行。如果行字段有多个，则位置较低的行字段在紧靠上个字段右侧的另一列显示。

◆ **"数值"区域**：该区域主要用于显示分析和汇总的数值数据。

知识补充 | 设置数据透视表数据源的注意事项

　　在确认数据透视表的数据源时，需要先保证标题行不能有合并的单元格或者空单元；否则，Excel 系统将不能生成数据透视表，同时还会打开错误提示对话框。

6.1.2　合理地设计透视表的布局和格式

当数据透视表创建完成并添加了要进行分析的字段之后，可能还需要增强报表布局和格式，以使数据更容易阅读和扫描。如果想要更改数据透视表的布局，可以更改数据透视表和字段、列、行、分类汇总、空单元格和行的显示方式；如果想要更改数据透视表报表的格式，可以应用预定义的样式、镶边的行和条件格式。其中，这些操作都是通过"数据透视表工具"的"设计"选项卡中的设置来完成的，如图 6-6 所示。

图 6-6

1. 设置分类汇总的显示位置

数据透视表的分类汇总可以非常直观地反映数据信息，具有较好的阅读效果。默认情况下，数据透视表的汇总项在分析数据的下方，如果数据透视表的行字段是由两个或两个以上的字段组成，那么系统就会自动分成不同的组显示，图6-7所示为行字段是"使用部门"和"类别"的数据透视表。

	A	B	C	D	E	F
3	使用部门	类别	资产原值	资产预计净残值		
4	⊟行政管理部					
5		办公设备	¥ 1,570,098.00	¥ 157,012.17		
6		工具器具	¥ 5,100.00	¥ 510.00		
7		交通工具	¥ 722,665.00	¥ 72,266.50		
8	行政管理部 汇总		¥ 2,297,863.00	¥ 229,788.67		
9	⊟生产管理科					
10		办公设备	¥ 96,998.33	¥ 11,496.40		
11		工具器具	¥ 48,000.00	¥ 4,800.00		
12	生产管理科 汇总		¥ 144,998.33	¥ 16,296.40		
13	⊟制造二部					
14		工具器具	¥ 140,714.20	¥ 67,062.04		
15	制造二部 汇总		¥ 140,714.20	¥ 67,062.04		
16	⊟制造三部					
17		办公设备	¥ 478,182.00	¥ 47,818.20		
18		房屋建筑物	¥ 33,203,797.48	¥ 3,320,379.75		
19		工具器具	¥ 906,418.87	¥ 337,685.37		
20		机器设备	¥ 9,510,660.34	¥ 1,599,323.43		

分析表 | 固定资产清单

图 6-7

如果在利用数据透视表分析数据时，觉得分类汇总数据影响到了对其他数据的查看，此时可以通过手动设置不显示分类汇总数据。在数据透视表中选择任意单元格，在"数据透视表工具"的"设计"选项卡的"布局"选项组中单击"分类汇总"下拉按钮，在打开的下拉菜单中可以看到3种处理分类汇总的方式，其具体介绍如下。

(1) 不显示分类汇总：选择该方式将取消显示数据透视表中的分类汇总。

(2) 在组的底部显示所有分类汇总：选择该方式将使数据透视表中的分类汇总显示在各个分组的下方，为数据透视表分类汇总的默认显示方式。

(3) 在组的顶部显示所有分类汇总：选择该方式将使数据透视表中的分类汇总显示在各个分组的上方。

2. 隐藏和显示总计记录

在利用数据透视表分析数据时，总是会默认地附带出行或列的总计记录，影响表格的整体美观度。既然可以对分类汇总的位置进行设置，那么能不能对总计记录的位置进行设置呢？当然不行，不过可以使用隐藏和显示总计记录功能将记录隐藏或限制，即便是行字段只有一个，该功能也是可以使用的。

在数据透视表中选择任意单元格，在“数据透视表工具”的“设计”选项卡的“布局”选项组中单击“总计”下拉按钮，在打开的下拉菜单中可以看到 4 种处理总计记录的方式，其具体介绍如下。

(1) **对行和列禁用**：选择该选项，则表示同时隐藏行的总计记录和列的总计记录。

(2) **对行和列启用**：选择该选项，则表示同时显示行的总计记录和列的总计记录。

(3) **仅对行启用**：选择该选项，则表示将只在列位置显示行的总计记录。

(4) **仅对列启用**：选择该选项，则表示将只在行位置显示列的总计记录。

3. 插入和删除空行

在创建的数据透视表中包含多个多组数据，为了便于查看和分析各组数据，可以在其中插入空行来分隔相邻的两组数据。若是觉得不需要使用空行时，也可以使用删除空行功能快速删除数据透视表中插入的空行。

在数据透视表中选择任意单元格，在“数据透视表工具”的“设计”选项卡的“布局”选项组中单击“空行”下拉按钮，在打开的下拉菜单中可以看到两种处理空行的方式，分别是“在每个项目后插入空行”和“删除每个项目后的空行”。图 6-8 所示为在每个项目后插入空行后的效果。

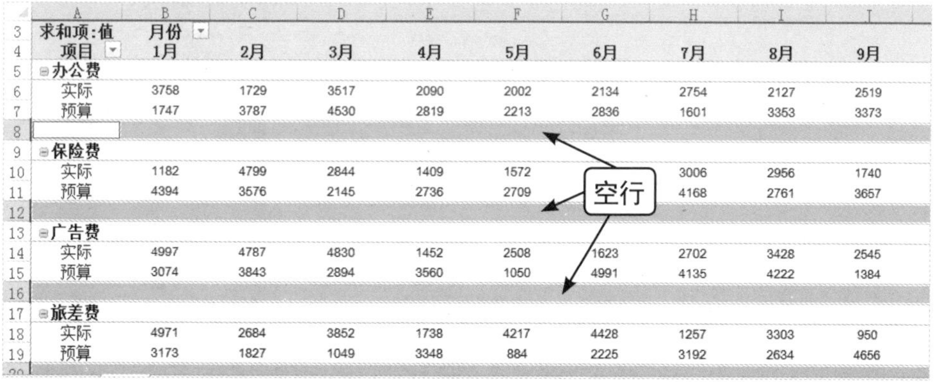

	A	B	C	D	E	F	G	H	I	J
3	求和项:值	月份								
4	项目	1月	2月	3月	4月	5月	6月	7月	8月	9月
5	⊟办公费									
6	实际	3758	1729	3517	2090	2002	2134	2754	2127	2519
7	预算	1747	3787	4530	2819	2213	2836	1601	3353	3373
8										
9	⊟保险费									
10	实际	1182	4799	2844	1409	1572		3006	2956	1740
11	预算	4394	3576	2145	2736	2709		4168	2761	3657
12										
13	⊟广告费									
14	实际	4997	4787	4830	1452	2508	1623	2702	3428	2545
15	预算	3074	3843	2894	3560	1050	4991	4135	4222	1384
16										
17	⊟旅差费									
18	实际	4971	2684	3852	1738	4217	4428	1257	3303	950
19	预算	3173	1827	1049	3348	884	2225	3192	2634	4656

图 6-8

知识补充 | 在数据透视表中不能直接插入空行

默认情况下，创建的数据透视表是一个整体，不能使用在工作表中直接插入或删除空行的方式对数据透视表进行插入和删除空行的操作；否则，系统会自动打开错误信息提示对话框，提示不能对数据透视表的一部分进行操作。

4. 套用系统提供的数据透视表样式

既然表格能套用 Excel 系统提供的表格样式，使用表格得到美化，那么数据透视表是否也具有内置的样式呢？这是肯定的。默认情况下，数据透视表创建完成后，会自动应用"数据透视表样式浅色 16"样式，其 Excel 系统自带了 85 种样式，可以根据需要进行手动设置。

在数据透视表中选择任意单元格，在"数据透视表工具"的"设计"选项卡的"数据透视表样式"选项组中单击"其他"按钮，在展开的样式库中选择目标样式即可。图 6-9 所示为数据透视表的默认样式和应用"数据透视表样式中等深浅 9"样式后的效果。

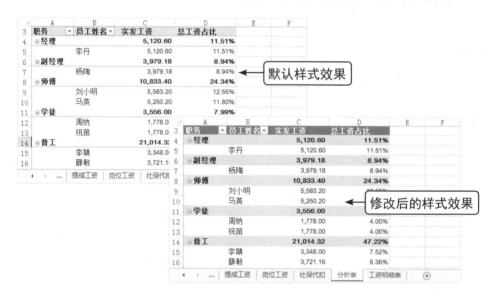

图 6-9

5. 修改数据透视表的报表布局

为什么其他人用数据透视表展现的数据报表如此美观，还可以根据不同的数据展现不同的形式呢？这主要是因为数据透视表应用了不同的报表布局。Excel 系统提供了 5 种数据透视表的报表布局，分别是以压缩形式显示、以大纲形式显示、以表格形式显示、重复所有项目标签和不重复所有项目标签。默认情况下，数据透视表是以压缩形式显示的，如果需要以其他形式进行显示，则可以手动设置。

在数据透视表中选择任意单元格，在"数据透视表工具"的"设计"选项卡的"布局"选项组中单击"报表布局"下拉按钮，在打开的下拉菜单中选择相应的布局选项即可。

图 6-10 所示为几种常见的报表布局效果。

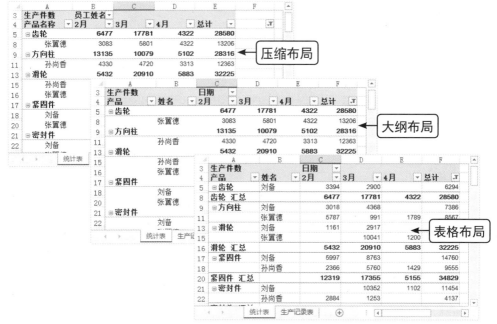

图 6-10

6.1.3　更改数据透视的汇总方式

某工厂制作了一份"产品生产记录明细表",现在需要统计每种产品的生产件数,就需要对产品进行计数统计。此时,可以将在"数据透视表字段"窗格中将"产品名称"字段分别拖动到"行标签"区域和"数值"区域。由于"产品名称"字段的内容是文本型数据,当把"产品名称"字段拖动到"数值"区域中时,汇总方式自动变为计数,如图 6-11 所示。

如果现在在"产品生产记录明细表"中添加了产品的"单价"字段,同时需要将"单价"字段拖动到"数据透视表字段"窗格中的"值"区域,由于"单价"字段的数据类型是数值型,汇总方式会自动为其求和。而我们所希望的是计算每种产品的平均单价,那么应该如何将汇总方式从求和改为求平均值呢?

在创建数据透视表时,针对不同的数据类型具有不同的汇总方式,如文本数据默认情况下为计数汇总方式、数值数据默认情况下为求和汇总方式等。在数据透视表中主要有 11 种汇总方式，分别是求和、计数、数值计数、平均值、最大值、最小值、乘积、标准偏差、总体标准偏差、方差和总体方差。

图 6-11

想要更改数据透视表的默认汇总方式，需要通过"值字段设置"对话框来实现。如果要打开"值字段设置"对话框，可以使用以下 3 种方式。

(1) **通过快捷菜单打开**。在数据透视表的任意字段名称上右击，在弹出的快捷菜单中选择"值汇总依据"命令，在其子菜单中选择相应的命令即可快速更改数据汇总方式。如果在子菜单中选择"其他选项"命令，即可打开"值字段设置"对话框。

(2) **通过菜单项打开**。选择汇总项的任意一个数据单元格，在"数据透视表工具"的"分析"选项卡的"活动字段"选项组中单击"字段设置"按钮，即可打开"值字段设置"对话框。

(3) **通过下拉菜单打开**。在"数据透视表字段列表"窗格的"数值"列表框中单击需要更改汇总方式的字段，选择"值字段设置"命令，即可打开"值字段设置"对话框。

例如，在上述产品生产记录明细表的数据透视表中，将"单价"字段的求和汇总方式更改为平均值汇总方式。

其具体操作：在数据透视表中选择需要更改汇总方式的字段，并在其上右击，选择"值汇总依据 / 平均值"，或者在"数据透视表字段列表"窗格的"数值"列表框中单击"求和项：单价"字段，选择"值字段设置"命令。打开"值字段设置"对话框，在"计算类型"列表框中选择"平均值"选项，单击"确定"按钮即可，如图 6-12 所示。

图 6-12

6.1.4　刷新数据透视表中的数据

在实际工作中，经常都会遇到这些情况，即对已经制作好的表格进行数据的添加与修改。也就是说，在源数据表格中添加或修改了数据，那么数据透视表的分析就不会准确。虽然可以重新根据这些数据创建数据透视表，但是这种效率非常低，此时可以手动对数据进行刷新，从而确保数据透视表中的数据与源数据统一。在 Excel 中，对数据透视表的刷新操作主要分为以下几种情况。

(1) 在对应的数据透视表中任意选择一个数据单元格，在"数据透视表工具"的"分析"选项卡的"数据"选项组中单击"刷新"下拉按钮，选择"刷新"命令或"全部刷新"命令，如图 6-13 左图所示。

(2) 在数据透视表中选择任意一个数据单元格，并在其上右击，在弹出的快捷菜单中选择"刷新"命令 (或者按 Alt+F5 组合键)，即可快速刷新透视表中的数据，如图 6-13 右图所示。

图 6-13

6.1.5 在数据透视表中使用计算字段

在进行数据分析的过程中，可能会遇到这样的情况，当创建数据透视表的源数据表不能或者不方便更改，但又需要进行简单的公式运算时，可以通过数据透视表的计算字段功能在数据透视表中进行运算。计算字段是通过对数据透视表中现有的字段计算后得出的新字段，图 6-14 所示为在数据透视表中插入一个"总计"计算字段。

行标签	求和项:销售办公室	求和项:办公室之外	求和项:拜访客户	求和项:外部电话	求和项:档案电话	求和项:贵宾室	求和项:新账户电话
星期日	0	0	0	0	0	0	0
星期一	14	23	4	45	22	100	2
星期二	23	76	10	50	54	80	45
星期三	4	130	11	33	67	400	65
星期四	102	40	18	0	86	97	82
星期五	33	55	22	49	143	50	26
星期六	0	0	0	0	0	0	0
总计	176	324	65	177	372	727	220

插入的字段

行标签	求和项:销售办公室	求和项:办公室之外	求和项:拜访客户	求和项:外部电话	求和项:档案电话	求和项:贵宾室	求和项:新账户电话	求和项:总计
星期日	0	0	0	0	0	0	0	¥0.00
星期一	14	23	4	45	22	100	2	¥210.00
星期二	23	76	10	50	54	80	45	¥338.00
星期三	4	130	11	33	67	400	65	¥710.00
星期四	102	40	18	0	86	97	82	¥425.00
星期五	33	55	22	49	143	50	26	¥378.00
星期六	0	0	0	0	0	0	0	¥0.00
总计	176	324	65	177	372	727	220	¥2,061.00

图 6-14

可能有的人会想，直接在数据透视表中添加辅助列，然后在辅助列中输入公式不就可以计算出来了吗？如图 6-15 所示。然而这样做不仅容易将公式输入错误，而且效果也不美观，想要效果更好一些，还需要将数据透视表数值化，然后对格式进行美化，这样还增加了工作量。

行标签	求和项:销售办公室	求和项:办公室之外	求和项:拜访客户	求和项:外部电话	求和项:档案电话	求和项:贵宾室	求和项:新账户电话	总计
星期日	0	0	0	0	0	0	0	0
星期一	14	23	4	45	22	100	2	210
星期二	23	76	10	50	54	80	45	338
星期三	4	130	11	33	67	400	65	710
星期四	102	40	18	0	86	97	82	425
星期五	33	55	22	49	143	50	26	378
星期六	0	0	0	0	0	0	0	0
总计	176	324	65	177	372	727	220	2061

手动添加的字段

图 6-15

而利用数据透视表的计算字段功能来对数据透视表中的数据进行计算，则显得更加简单，就以在数据透视表中插入一个"总计"计算字段计算每周销售活动中每天的总计数据为例来进行介绍。

在数据透视表中选择任意单元格，在"数据透视表工具"的"分析"选项卡的"计算"选项组中单击"字段、项目和集"下拉按钮，选择"计算字段"命令。打开"插入计算字段"对话框，在"名称"下拉列表框中输入新字段的名称"总计"，在"公式"文本框中设置计算字段的计算公式，如"=销售办公室+办公室之外+拜访客户+外部电话+档案电话+贵宾室+新账户电话"，单击"确定"按钮即可完成操作，如图6-16所示。

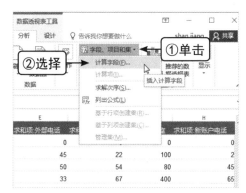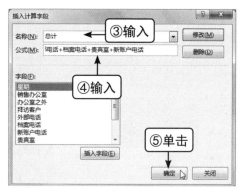

图6-16

> **知识补充 | 数据透视表中计算字段的结果是数值数据**
>
> 与在工作表中通过公式计算数据不同，数据透视表中计算字段的结果是数值数据，即删除计算字段工作表中包含的某个字段，计算字段的结果不会发生改变。例如，在上例中删除"贵宾室"数据透视表字段，而"总计"计算字段的结果不会发生改变。

6.1.6 使用切片器分析数据

在对大量表格数据进行分析时，可能许多人会想到利用数据透视表来分析数据，以使分析工作变得更加简单一些。不过，数据透视表操作起来也相对比较麻烦，且在某些条件之间进行切换时效率也不是很高。此时，可以利用切片器从不同纬度、用最少的时间，更快更轻松地完成更多的数据分析工作。

切片器是通过单击进行筛选的控件，它可以减少在数据透视表中显示的数据。可以通过交互方式使用切片器，以便在应用筛选器时显示数据的更改。例如，可以创建一个按年份显示销售额的数据透视表，然后添加一个表示促销的切片器。将切片器添加为数据透视表中的一个额外控件，这样就可以快速选择条件以及立即显示更改。也可以通过在行或列标题中加入字段，在报表自身中嵌入按促销列出的细分信息，但切片器不向表中添加额外的行，而只针对数据提供交互式视图。下面通过在数据透视表中创建切片器的具体操作，来认识 Excel 的切片器。

选择数据透视表中的任意单元格，在"数据透视表工具"的"分析"选项卡中的"筛选"选项组中单击"插入切片器"按钮。打开"插入切片器"对话框，选中"项目类型"复选框，单击"确定"按钮，如图 6-17 所示。

图 6-17

此时即可创建出一个项目类型切片器，在其中列举了所有的项目类型，如果要查看指定项目类型的数据信息，直接在切片器中选择项目类型，如选择"支出"选项，系统就会自动在数据透视表中将"支出"项目类型的相关数据显示出来，如图 6-18 所示。

支出和收入	求和项:预算成本	求和项:实际成本	求和项:差额
⊟收入	¥71,800.00	¥71,990.00	-¥190.00
筹款	¥13,900.00	¥14,250.00	-¥350.00
捐赠	¥15,200.00	¥15,000.00	¥200.00
门票分享	¥3,400.00	¥3,500.00	-¥100.00
门票收入	¥13,800.00	¥14,000.00	-¥200.00
杂项	¥9,500.00	¥9,490.00	¥10.00
转让	¥7,200.00	¥7,000.00	¥200.00
转入			
⊟支出			
安全			
办公用品			

项目类型 ①单击
收入
支出

支出和收入	求和项:预算成本	求和项:实际成本	求和项:差额
⊟支出	¥101,100.00	¥86,300.00	¥14,800.00
安全	¥2,500	¥2,150	¥350
办公用品	¥12,300	¥7,500	¥4,800
非员工活动工作人员	¥7,500	¥7,240	¥260
官员	¥1,000	¥850	¥150
活动工作人员	¥2,000	¥2,100	-¥100
教练讲习班/旅游	¥6,200	¥8,200	-¥2,000
学生省内旅游	¥12,500	¥10,750	¥1,750
学生省外旅游	¥21,700	¥20,290	¥1,410

项目类型
收入
支出 ②查看

图 6-18

如果不想切片器与数据透视表连接在一起，即断开切片器与数据透视表之间的连接关系，可以直接通过数据透视表将其与切片器之间的连接断开，也可以通过切片器本身将数据透视表与自己之间的连接断开，其具体介绍如下。

(1) **通过数据透视表断开**。在数据透视表中选择任意单元格，单击"数据透视表工具"的"分析"选项卡的"筛选"选项组中的"筛选器连接"按钮。打开"筛选器连接"对话框，取消选中切片器名称复选框，单击"确定"按钮即可，如图 6-19 所示。

图 6-19

(2) **通过切片器断开**。选择切片器，切换到"切片器工具"的"选项"选项卡中，在"切片器样式"选项组中单击"报表连接"按钮。打开"数据透视表连接(项目类型)"对话框，取消选中相应的复选框，单击"确定"按钮，即可断开指定的连接，如图 6-20 所示。

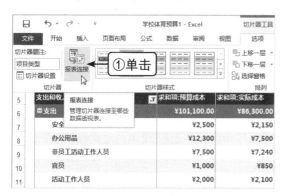

图 6-20

知识补充 | 清除切片器中的筛选结果

如果需要清除切片器中的筛选结果，可以直接在切片器的右上角单击"清除筛选器"按钮或按 Alt+C 组合键，将数据透视表中展示的数据恢复到筛选前的效果。

Excel 数据分析工具库的应用

如果无法使用专业软件进行数据统计分析，但又要对数据进行统计分析，该怎么办呢？此时，最好的选择就是采用 Excel 数据分析工具库来实现。

6.2.1 加载 Excel 分析工具库

数据分析师在利用 Excel 进行数据统计分析时，常常会用到各种函数，从简单的求和函数 SUM()、平均值函数 AVERAGE()，到复杂的线性回归函数 SLOPE()、数据偏差函数 DEVSQ() 等，这些统计函数不仅多，其参数设置也相当复杂，如果对其使用方法的研究不够深入或不熟悉统计理论知识，基本上是无从下手的。

为了方便用户更加轻松地对数据进行统计分析，Excel 提供了一个数据分析工具库。如果需要开展复杂的统计或工程分析，则可使用分析工具库以节省步骤和时间。为每项分析提供数据和参数，数据分析工具库将使用适当的统计或工程宏函数来计算并将结果显示在输出表格中。

不过，数据分析工具库中的分析函数一次只能在一个工作表中使用。当在分组的工作表上执行数据分析时，结果将显示在第一个工作表，而其余的工作表中则显示清空格式的表格。要对其余的工作表执行数据分析，需要使用分析工具分别对每个工作表重新计算。

Excel 的分析工具库中包含多种分析工具，即可以完成多种数据统计分析工作，主要包括方差分析、相关系数、协方差、描述统计、指数平滑、F- 检验、双样本方差、傅里叶分析、直方图、移动平均及随机数发生器等 19 种数据统计分析方法。那么，既然分析工具库具有这么强大的功能，与专业的数据统计分析软件相比较又有哪些明显的优势呢？其具体介绍如下。

(1) 分析工具库可以与 Excel 进行无缝结合，操作简单，上手容易。

(2) 分析工具库中聚合了多种统计函数，可以直接对其进行使用。其中，部分工具在生成出结构表格时，还会生成相应的图表，这可以帮助我们或他人更容易理解数据统计结果。

(3) 使用这个现成的数据分析工具，不仅能大幅降低出错的概率，还能提高数据分析的效率。

不过，想要使用分析工具库中的工具分析数据，还需要先加载分析工具库与宏程序，因为分析工具库和宏程序是以插件形式加载，具体操作方法如下。

打开"Excel 选项"对话框，单击"加载项"选项卡，在"管理"下拉列表框中选择"Excel 加载项"选项，单击"转到"按钮。打开"加载项"对话框，在"可用加载宏"列表框中选中"分析工具库"复选框，如果要包含分析工具库中的 VBA 函数，则需要选中"分析工具库 -VBA"复选框，单击"确定"按钮完成分析工具库的加载，如图 6-21 所示。

图 6-21

分析工具库加载完成后，返回到工作表中。在"数据"选项卡的"分析"选项组中单击"数据分析"按钮，即可打开"数据分析"对话框，其中提供了多种数据统计分析的方法，如图 6-22 所示。

图 6-22

6.2.2　数据的描述性统计分析

描述性统计是用来概括和表述事物整体状况以及事物间关联和类属关系的统计方法，通过统计处理可以简洁地用几个统计值来表示一组数据的集中性和离散型（波动性大小）。而描述统计分析工具主要用于生成数据源区域中数据的单变量统计分析报表，提供有关数据趋中性和易变性的信息。

在进行数据分析时，通常会首先对数据进行描述性统计分析，以发现其内在的规律，然后选择进一步分析的方法。描述性统计分析要对调查总体所有变量的有关数据做统计性描述，主要包括数据的频数分析、数据的集中趋势分析、数据离散程度分析、数据的分布以及一些基本的统计图形，常用的指标有平均数、方差、中位数、众数及标准差等。

某公司举办了一次促销活动，积累了一定的消费者数据信息，现在需要利用消费者的消费金额来描述消费者的消费行为特征，并分析消费者的消费分布情况。虽然使用统计函数也可以获得分析结果，但是过于复杂，如果利用分析工具库中的"描述统计"分析工具来进行分析，即可快速达到目的，且不容易出错。

在"数据"选项卡的"分析"选项组中单击"数据分析"按钮。打开"数据分析"对话框，在"分析工具"列表框中选择"描述统计"选项，单击"确定"按钮。打开"描述统计"对话框，在"输入区域"文本框中设置数据区域，在"输出选项"栏中选中"输出区域"单选按钮，并设置数据的输出位置，依次选中"汇总统计""平均数置信度""第K大值"和"第K小值"复选框，然后单击"确定"按钮，如图6-23所示。

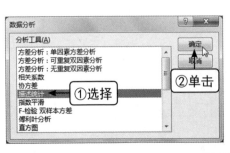

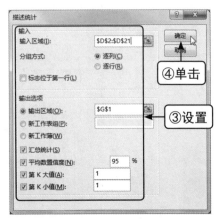

图6-23

返回到工作表中，即可查看到描述统计输出的结果，其中含有多个函数，如平均、标准误差、中位数、众数、标准差、方差、峰度和偏度等，如图 6-24 所示。

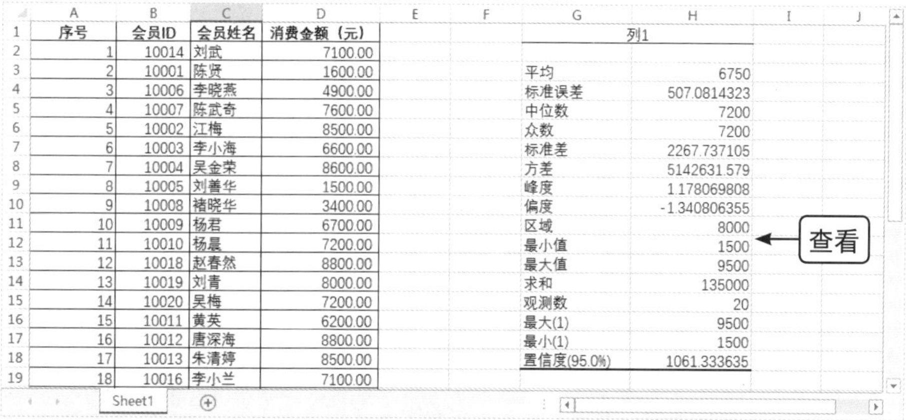

	A	B	C	D	G	H
1	序号	会员ID	会员姓名	消费金额（元）	列1	
2	1	10014	刘武	7100.00		
3	2	10001	陈贤	1600.00	平均	6750
4	3	10006	李晓燕	4900.00	标准误差	507.0814323
5	4	10007	陈武奇	7600.00	中位数	7200
6	5	10002	江梅	8500.00	众数	7200
7	6	10003	李小海	6600.00	标准差	2267.737105
8	7	10004	吴金荣	8600.00	方差	5142631.579
9	8	10005	刘善华	1500.00	峰度	1.178069808
10	9	10008	褚晓华	3400.00	偏度	-1.340806355
11	10	10009	杨君	6700.00	区域	8000
12	11	10010	杨晨	7200.00	最小值	1500
13	12	10018	赵春然	8800.00	最大值	9500
14	13	10019	刘青	8000.00	求和	135000
15	14	10020	吴梅	7200.00	观测数	20
16	15	10011	黄英	6200.00	最大(1)	9500
17	16	10012	唐深海	8800.00	最小(1)	1500
18	17	10013	朱清婷	8500.00	置信度(95.0%)	1061.333635
19	18	10016	李小兰	7100.00		

图 6-24

“描述统计”对话框主要分为两个部分，分别是输入选项和输出选项，每个部分中又具有多个参数，其主要介绍如下。

(1) **输入区域**：输入需要分析的数据源区域，如上述例子中的数据源区域为 D2:D21。通常情况下，对话框参数会自动将单元格引用设置为绝对引用。

(2) **分组方式**：如果需要指出“输入区域”中的数据是按行还是按列进行排列，则选择对应的分组方式，即选中“逐行”或“逐列”单选按钮。

(3) **标志位于第一行**：如果数据源区域中的第一行含有标志，如字段名和变量名等，则需要选中“标志位于第一行”复选框；否则，Excel 字段将自动以“列 1、列 2、……”作为列标志。

(4) **输出区域**：即输出数据存放的位置，可以选择当前工作表的某个活动单元格、新工作表组或新工作簿。

(5) **汇总统计**：包含多个相关指标，分别是平均值、标准误差、中位数、众数、标准差、方差、峰度、偏度、区域、最小值和最大值等。

(6) **平均数置信度**：也称为平均值可靠度或平均值置信系数，是指总体参数值落在样本统计值某一区域的概率，默认的置信度为 95%，也常用 90%。

(7) **第 K 大（小）值**：是指输入数据组的第几位最大值或第几位最小值。

通过上述分析，可以看出本行业中消费者的消费能力，本次总销售金额为 135000 元，平均消费金额为 6750 元，最高消费为 9500 元，最低消费为 1500 元。

另外，表现数据集中趋势的指标是平均值、中位数 (是一组数据按大小排序，排在中间位置的数值为中位数）和众数（是指该组数据中次数出现最多的数值）；描述数据离散程度的指标是方差和标准差，它们主要体现了与平均值的离散程度；呈现数据分布形状指标是峰度系数和偏度系数。

峰度系数是指用来反映频数分布曲线顶端尖峭或扁平程度的指标，有时两组数据的算术平均数、标准差和偏态系数都相同，但它们分布曲线顶端的高耸程度不同。当峰度系数大于 0 时，则说明两侧极端数据较少，比正态分布更高更瘦，呈现出峭峰分布；当峰度系数小于 0 时，则说明两侧极端数据较多，比正态分布更矮更胖，呈现出阔峰分布。

偏度系数是描述分布偏离对称性程度的一个特征数。当偏度系数为 0 时，则分布左右对称；当偏度系数大于 0 时，则重尾在右侧且分布为右偏，即为负偏态分布；当偏度系数小于 0 时，则重尾在左侧且分布为左偏，即为正偏态分布。另外，偏度系数大于 1 或偏度系数小于 -1，则称为高度偏态分布；偏度系数在 0.5 ～ 1 或 -0.5 ～ -1 的范围内，则称为中等偏态分布；偏态系数越接近于 0，则偏斜程度就越低。

在本例中，由于峰度系数大于 0，偏度系数小于 -1，所以消费者的消费数据呈现出陡峭峰式高度偏态分布。

6.2.3　数据的抽样分析

在进行数据分析时，常常会遇到分析的总体数据源过于庞大，这样会导致系统分析运行的效率降低。此时，常用的做法就是抽取一部分具有代表性的样本数据进行分析，并根据该部分数据去预估总体情况。在 Excel 的分析工具库中，可以采用抽取分析工具来完成该操作，如通过市场抽样调查分析整个市场的发展走势。

抽样分析工具以数据源区域为总体，从而为其创建一个样本。当总体太大而不能进行处理或绘制时，可以选用具有代表性的样本。如果确认数据源区域中的数据是周期性的，还可以对一个周期中特定时间段中的数值进行采样。另外，也可以采用随机抽样，满足用户保证抽样的代表性的要求。

例如，某公司销售部门为了提高产品销量，使绩效考核具有较好的成绩，常常会在节假日期间开展一些促销优惠活动。其中，有一个非常具有吸引力的活动，那就是随机或有规律地抽取某些达成交易的消费者作为幸运客户，并为其发放特殊奖品，而现在应该如何来完成这项任务呢？虽然使用 RANK 函数可以随机抽取幸运客户，但是无法有规律地抽取幸运客户，想要同时实现这两个要求，就需要通过抽取分析工具来实现。

下面就以 6.2.2 小节中的消费者数据信息为例，来介绍这两种数据的抽取方法，即抽取 5 名幸运客户。

在"数据"选项卡的"分析"选项组中单击"数据分析"按钮，打开"数据分析"对话框，在"分析工具"列表框中选择"抽样"选项，单击"确定"按钮，如图 6-25 所示。

图 6-25

打开"抽样"对话框，在其中需要依次对输入、抽样方法和输出选项进行设置，最后单击"确定"按钮完成数据的抽取。不过在"抽样方法"栏中具有两个选项，即"周期"和"随机"。如果选中"周期"单选按钮，并设置"间隔"值后，可以抽取出有规律的样本，此处就抽取间隔为 3 的会员 ID，如图 6-26 所示。

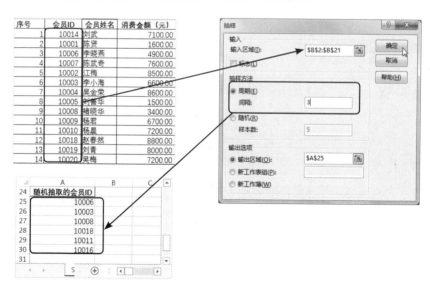

图 6-26

如果选中"随机"单选按钮，并设置样本数后，可以随机抽取样本，此处就随机抽取间隔为 5 的会员 ID，如图 6-27 所示。

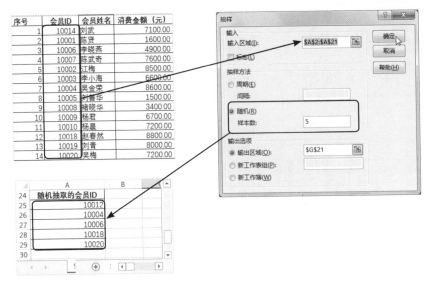

图 6-27

需要注意的是，分析工具库中的抽取工具采用有效放回的方式进行随机抽样，即选择随机抽样方式后，数据很有可能被多次抽取。为了避免数据被重复抽取，可以采取多次随机抽样，直至没有重复项目即可。

6.2.4　数据的回归分析

在数据分析中，对于成对成组数据的拟合经常都可能遇到，涉及的任务有线性描述，趋势预测和残差分析等。许多专业读者遇见此类问题时往往寻求专业软件，比如在化工中经常用到的 Origin 和数学中常见的 Matlab 等。它们虽很专业，但其实使用 Excel 就完全够用了。

回归分析是确定两种或两种以上变量间相互依赖的定量关系的一种统计分析方法，其运用十分广泛。按照涉及变量的多少，可以将回归分析分为一元回归分析和多元回归分析；按照因变量的多少，可以将回归分析分为简单回归分析和多重回归分析；按照自变量和因变量之间的关系类型，可以将回归分析分为线性回归分析和非线性回归分析。其中，如果回归分析中只包括一个自变量和一个因变量，且二者的关系可用一条直线近似表示，这种回归分析称为一元线性回归分析；如果回归分析中包括两个或两个以上的自变量，且自变量之间存在线性相关，则称为多重线性回归分析。

回归是研究自变量与因变量之间关系形式的分析方法，它主要是通过建立因变量

Y 与影响它的自变量 $X_i(i=1，2，3，…)$ 之间的回归模型，来预测因变量 Y 的发展趋势。例如，销售额与推广费用之间有着依存关系，通过对该依存关系的分析，在已经确定了下一期推广费用的条件下，可以预测将实现的销售额。

下面就通过 Excel 提供的回归分析工具来对市场反馈的各个价位电脑的消费者满意度 (1 ～ 5 等级) 作出分析，从而分析出电脑价格与消费者满意度之间的关系。回归分析能够全面且直观地对数据组建立回归方程，拟合回归曲线，对参数进行检验和统计，并且对预测值进行精度检验和置信区间的估计等操作。

设定电脑价格为自变量 (X)，市场满意度为因变量 (Y)，在"数据"选项卡的"分析"选项组中单击"数据分析"按钮。打开"数据分析"对话框，在"分析工具"列表框中选择"回归"选项，单击"确定"按钮。打开"回归"对话框，依次对各参数进行设置，然后单击"确定"按钮，如图 6-28 所示。

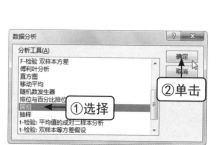
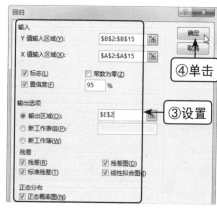

图 6-28

返回到工作表中可以查看到，系统已经将回归分析数据结果全部输出，如图 6-29 所示。由于数据众多，后面将分开对其进行详细介绍。

图 6-29

通过回归分析工具，可以得到 3 张输出表，分别是 SUMMARY OUTPUT 输出表、RESIDUAL OUTPUT 输出表（残差输出表）和 PROBABILITY OUTPUT 输出表（概率输出表）。除了输出 3 张回归分析表以外，系统还会在工作表输出 3 张图表。第一张图表为线性拟合图表，即电脑价格 Line Fit Plot，如图 6-30 所示。其中，菱形的散点为不同价位的电脑所对应的市场满意度的实际值，正方形的散点为根据回归方程得到的预测值。

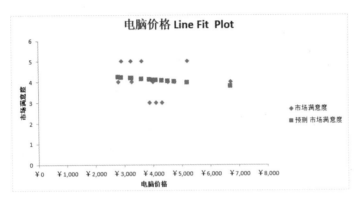

图 6-30

第二张图表为残差图，即电脑价格 Residual Polt，用于判断回归方程的拟合程度。通常情况下，若残差散点随机分布在 0 值附近，则说明回归模型可以接受；若残差散点没有随机分布在 0 值附近，则说明需要通过其他的方式去得到该模型。例如，从图 6-31 中可以看出，本例中的残差散点虽然是随机的，但是部分值离 0 值太远，所以回归方程的误差比较大。

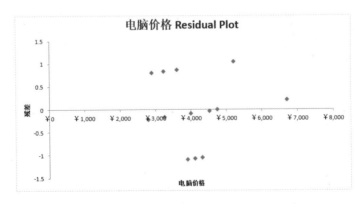

图 6-31

第三张图表为正态概率图，如图 6-32 所示，主要用来判断因变量 (Y) 是否为正态分布。如果因变量 (Y) 是正态分布，则在图表中的散点应该显示为一条直线。但从图 6-32 中可以看出，图表中的散点没有呈现为直线分布或者直线度不高。因此，可以说明因变量 (Y) 不呈正态分布。

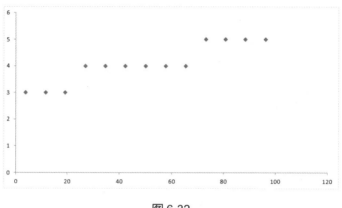

图 6-32

通常情况下，利用回归分析工具获取的输出表与图表中，最常用到的是 SUMMARY OUTPUT 输出表与线性拟合图表，通过它们就基本可以得到回归分析的有关结论。

知识补充 | "回归" 对话框中参数的含义

在 "回归" 对话框中主要涉及 3 方面的内容，即输入、输出选项和残值，每项内容中包含多个参数，其具体介绍如下。

Y 值输入区域：输入需要分析的因变量（Y）数据区域。

X 值输入区域：输入需要分析的自变量（X）数据区域。

常数为零：表示该模型属于严格的正比例模型。

残值：也称为剩余值，是指观测值与预测值（拟合值）之间的差。

标准残值：是指（残值－残值的均值）/ 残值的标准差。

残值图：以回归模型的自变量（X）为横坐标，以残值为纵坐标绘制的散点图。如果绘制的点都在以 0 为横轴的直线上下随机分布，则表示拟合结果合理；否则，则需要重新创建回归模型。

线性拟合图：以回归模型的自变量（X）为横坐标，以因变量（Y）及预测值为纵坐标绘制散点图。

正态概率图：以自变量（X）的百分位排名为横坐标，以因变量（Y）为纵坐标绘制的散点图。

6.2.5 数据的相关性分析

在进行数据分析时，不仅需要对数据本身呈现出来的特征进行描述，有时还需要进一步挖掘变量之间的关系，为后期模型的创建与预测做好充分的准备工作。例如，分析公式的绩效考核是否与奖励制度存在某些特殊的关系。

从哲学的角度来看，现实世界中的任何事物或现象都不是孤立存在的，而是相互联系、相互制约与相互依存的。当某些现象发生变化时，另一现象也会随之发生变化。例如，商品价格的变化会影响商品销售量的变化，员工绩效成绩的高低会影响公司的效益，居民收入的高低会影响对该公司产品的需求量等。从统计学的角度来看，世界中的各种事物或现象都存在着一些相互依存的关系，研究这些事物或现象之间的依存关系，找出它们之间的变化规律，可为数据分析提供客观科学的统计依据。其中，现象间的依存关系大致可以分成两种类型，分别是相关关系和函数关系。

(1) **相关关系**。它是指客观现象之间确实存在的，但数量上不是严格对应的依存关系。这种依存关系的特点是：某一现象在数量上发生的变化会影响到另一现象数量上的变化，而且这种变化具有一定的随机性，即当给定某一现象以一个数值时，另一现象就会有若干数值与之相对应，并且总是遵循一定的规律，围绕这些数值的平均数上下波动，其原因是影响现象发生变化的因素不止一个。例如，成本的高低与利润的多少有密切关系，但某一确定的成本与相对应的利润的数量关系是不确定的，这是因为影响利润的因素除了成本外，还有价格、供求平衡和消费偏好等因素以及其他偶然因素的影响。

(2) **函数关系**。它是指现象之间有一种严格的确定性的依存关系，表现为某一现象发生变化另一现象也随之发生变化，而且有确定的值与之相对应。例如，在一定的条件下，学生的身高与体重存在某种依存关系。

相关关系和函数关系既有区别又有联系。在研究相关关系时，当对其数量之间的规律性了解得越深刻，其相关关系就越有可能转化为函数关系或者借助函数关系来表现；而有些函数关系往往会因为有观察或者测量误差，以及各种随机因素的干扰等原因，需要通过相关关系表现出来。

相关分析是研究现象之间是否存在某种依存关系，并对具体有依存关系的现象探讨其相关方向以及相关程度，是研究随机变量之间相关关系的一种统计方法。简单来说，相关分析就是研究两个或两个以上随机变量之间相互依存关系的方向和密切程度的方法，直线相关用相关系数表示，曲线相关用相关指数表示，多重相关用复相关系数表示。

其中，日常数据分析中比较常用的是直线相关，所以主要研究相关系数。

相关系数是研究变量之间线性相关程度的一个度量指标，一般用字母 r 表示，其取值范围是 [-1,1]。其中，r 的正号或负号，可以反映相关的方向。当 $r>0$ 时，则表示线性正相关；当 $r<0$ 时，则表示线性负相关；当 $r=0$ 时，则表示两个变量之间不存在线性关系。另外，r 的大小还可以反映相关的程度。当 $0 \leqslant |r| \leqslant 0.3$ 时，则说明低度相关；当 $0.3 \leqslant |r| \leqslant 0.8$ 时，则说明中度相关；当 $0.8 \leqslant |r| \leqslant 1$ 时，则说明高度相关。

在 Excel 中，想要计算出相关系数，除了可以使用 CORREL 函数外，最简便的方式就是使用分析工具库中的"相关系数"分析工具来实现。例如，公司想要通过对员工进行培训来提高员工的整体绩效，那么是不是可以说明员工培训的费用越高，公司的效益就会越好呢？它们两者之间到底有多大的相互联系，下面就分别通过相关性分析工具和相关性函数 CORREL() 对这两组数据的相关系数进行求解，然后根据得到的相关系数的值对公司运营效益与员工培训费用两者间的关系进行判断。

在"数据"选项卡的"分析"选项组中单击"数据分析"按钮。打开"数据分析"对话框，在"分析工具"列表框中选择"相关系数"选项，单击"确定"按钮。打开"相关系数"对话框，依次对各参数进行设置，然后单击"确定"按钮，如图 6-33 所示。

 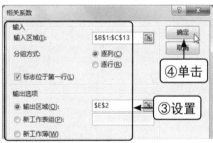

图 6-33

设置完成后，即可查看到相关系数结果按照设定的方式显示在工作表中，得出的结果为 0.9837，如图 6-34 所示。

	培训费用（万元）	公司效益（万元）				培训费用（万元）	公司效益（万元）	
2	￥20	￥450						
3	￥16	￥400			培训费用（万元）	1		
4	￥14	￥360			公司效益（万元）	0.983742853	1	
5	￥15	￥380						
6	￥12	￥320						

图 6-34

　　在工作表的相应位置输入相关系数值的数据，然后选择需要获取需要输入该值的单元格，在编辑栏中单击"插入函数"按钮。打开"插入函数"对话框，在"搜索函数"文本框中输入"CORREL"，单击"转到"按钮，在"选择函数"列表框中选择"CORREL"选项，如图 6-35 所示。

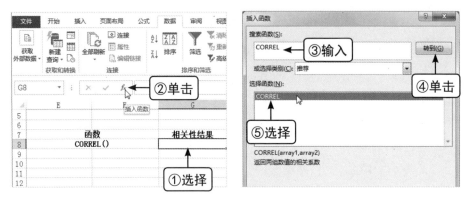

图 6-35

　　打开"函数参数"对话框，分别在"Array1"和"Array2"文本框中输入两组数据的单元格位置，单击"确定"按钮。返回到工作表中，可以查看到得出了与前面计算相同的相关性结果，即 $r = 0.9837$，如图 6-36 所示。因此，可以说明两组数据之间有着比较好的正相关性，即员工培训费用花费越高，公司的运营效益也会越高。

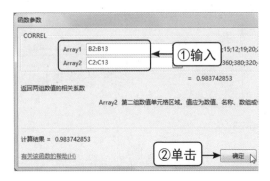
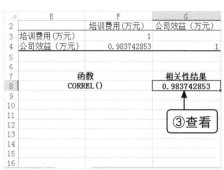

图 6-36

6.2.6　数据的假设检验分析

　　假设检验是在数理统计学中，根据一定假设条件由样本推断总体的一种方法。其具体做法是：根据问题的需要对所研究的总体做出某种假设，记做 H0；选择合适的统计量，这个统计量的选取要使得在假设 H0 成立时，其分布为已知；由实测的样本计算出统计量的值，并根据预先给定的显著性水平进行检验，作出拒绝或接受假设 H0 的判断。常用的假设检验方法有 u 检验法、t 检验法、x 2 检验法（卡方检验）、F 检验法以及秩和检验法等。

在 t 检验法中，主要有 3 种检验方法，即平均值的成对二样本的 t 检验假设、双样本等方差假设的 t 检验和双样本异方差假设的 t 检验。下面就以双样本等方差假设的 t 检验和双样本异方差假设的 t 检验两种方法为例，来介绍数据的假设检验分析。在双样本等方差假设的 t 检验法中，需要假设两个待分析数据组的方差相等，所以这种方法也叫作方差相等的两样本 t 检验法，该方法可以用来判断两个样本均值是否相等。在双样本异方差假设 t 检验法中，需要假设两个待分析数据组的平均值不相等。

假设有 A、B 两种生产技术，选取 23 台情况相同的设备，应用相同的原材料进行生产。其中，应用 A 种生产技术的设备有 14 台，生产产品数量分别为 350、320、335、328、340、319、327、342、335、330、332、360、337 和 341；应用 B 种生产技术的设备有 15 台，生产产品数量分别为 338、342、320、329、360、346、342、338、328、341、350、335、342、335 和 330。现在为了判断这两种技术的优良情况，需要先以双样本等方差假设的 t 检验法为例来讨论新技术的可行性，假设 H0 = 0，即两种生产方式无差别，然后以双样本异方差假设的 t 检验法来讨论新技术的可行性。

下面以双样本等方差假设的 t 检验法为例来讨论新技术的可行性。在"数据"选项卡的"分析"选项组中单击"数据分析"按钮，打开"数据分析"对话框，在"分析工具"列表框中选择"t- 检验：双样本等方差假设"选项，然后单击"确定"按钮。打开"t- 检验：双样本等方差假设"对话框，依次对各参数进行设置，然后单击"确定"按钮，如图 6-37 所示。

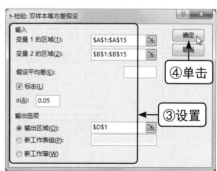

图 6-37

设置完成后，即可查看到双样本等方差假设的结果，如图 6-38 所示。本例在自由度尾为 26，$\alpha = 0.05$ 的情况下，t 检验的双尾临界值是 2.0555，t 检验的结果值是 −0.90292，这个检验结果小于临界值，所以可以认为 A、B 两种生产技术样本的"假设平均差为 0"的假设成立，即 A、B 两种生产技术没有明显的差别。

	A	B	C	D	E	F	G
1	**A种生产技术设备**	**B种生产技术设备**		t-检验: 双样本等方差假设			
2	350	338					
3	320	342			A种生产技术设备	B种生产技术设备	
4	335	320		平均	335.4285714	339	
5	328	329		方差	122.2637363	96.76923077	
6	340	360		观测值	14	14	
7	319	346		合并方差	109.5164835		
8	327	342		假设平均差	0		
9	342	338		df	26		
10	335	328		t Stat	-0.902924097		
11	330	341		P(T<=t) 单	0.187427919		
12	332	350		t 单尾临界	1.70561792		
13	360	335		P(T<=t) 双	0.374855838		
14	337	342		t 双尾临界	2.055529439		
15	341	335					

Sheet1

图 6-38

下面以双样本异方差假设的 t 检验法为例来讨论新技术的可行性。在"数据"选项卡的"分析"选项组中单击"数据分析"按钮，打开"数据分析"对话框，在"分析工具"列表框中选择"t- 检验：双样本异方差假设"选项，然后单击"确定"按钮。打开"t- 检验：双样本异方差假设"对话框，依次对各参数进行设置，然后单击"确定"按钮，如图 6-39 所示。

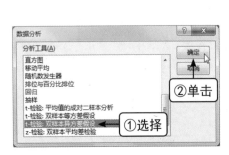
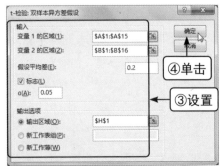

图 6-39

设置完成后，即可查看到双样本等、异方差假设的结果，如图 6-40 所示。本例在自由度尾为 26，$\alpha = 0.05$ 的情况下，t 检验的双尾临界值是 2.0555，t 检验的结果值是 −0.81659，这个检验结果小于临界值，所以可以认为 A、B 两种生产技术样本的"假设平均差为 0.2"的假设成立，即 A、B 两种生产技术之间有 0.2 的差别可以接受。

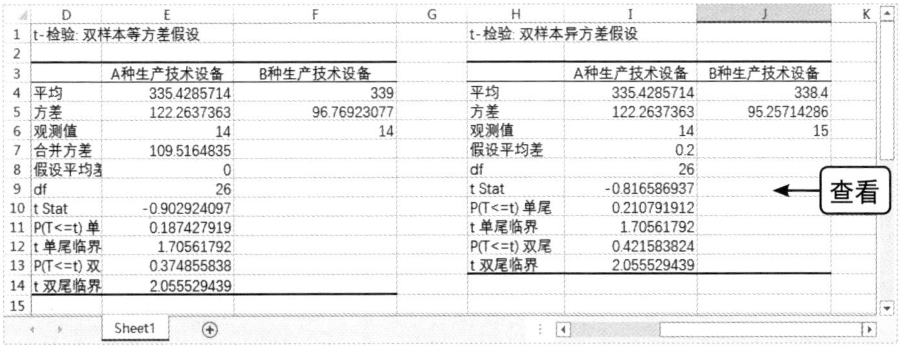

图 6-40

6.2.7　数据的预测分析

预测分析是一种统计或数据挖掘解决方案，包含可在结构化和非结构化数据中使用以确定未来结果的算法和技术，可为预测、优化、预报和模拟等许多其他用途而部署。数据的预测方法有很多，比较常见的一种就是根据时间发展进行预测，简单来说，就是时间序列预测。其中，时间序列预测主要有以下 3 个特点。

(1) 假设事物发展趋势会延伸到未来。

(2) 预测所依据的数据具有不规则性。

(3) 不考虑事物发展之间的因果关系。

时间序列预测主要包括移动平均法、指数平滑法、趋势外推法与季节变动法等预测方法。其中，移动平均法和指数平滑法是比较常用的两种方法，下面就来详细认识一下这两种方法。

1. 移动平均法

移动平均法是根据时间序列，逐项推移并依次计算包含一定项数的序时平均数，以此进行预测的方法。可以说，移动平均法预测是一种非常方便的自适应预测模型，通过对相关数据建立一个描述现象发展变化的趋势动态模型，并利用模型在数据序列上进行外推，从而预测某些数据指标的未来发展趋势。

移动平均法的基本思想是，移动平均可以消除或减少时间序列数据受偶然性因素干扰而产生的随机变动影响，它适合短期预测，其公式为

$$Y_t = (X_{t-1} + X_{t-2} + X_{t-3} + \cdots + X_{t-n})/n$$

式中，Y_t 为对下一期的预测值；n 为移动平均的时期个数；X_{t-1} 为前期实际值；X_{t-2}、X_{t-3} 和 X_{t-n} 分别为前两期、前三期直至前 n 期的实际值。

移动平均法主要包括一次移动平均法、二次移动平均法和加权移动平均法。下面就利用 Excel 提供的移动平均工具，来对第二年的公司运营利用率进行分析和预测，其中会应用到移动平均方法中最简单的一次移动平均预测。

为了方便对数据进行预测，首先在单元格中输入对应的数据信息。在"数据"选项卡的"分析"选项组中单击"数据分析"按钮。打开"数据分析"对话框，在"分析工具"列表框中选择"移动平均"选项，然后单击"确定"按钮，如图 6-41 所示。

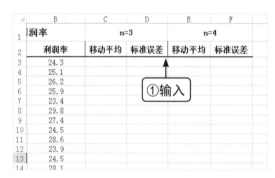
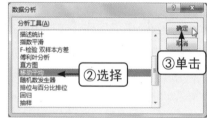

图 6-41

打开"移动平均"对话框，依次对各参数进行设置，然后单击"确定"按钮。返回到工作表中，可以查看到输出的移动平均和标准误差指标数据，如图 6-42 所示。

图 6-42

为了便于比较，再在"移动平均"对话框中将间隔设置为 $n = 4$，在此情况下得到另一组数据。此时在单元格中可以查看到，输出的移动平均和标准误差指标数据如图 6-43 所示。

润率	n=3		n=4	
利润率	移动平均	标准误差	移动平均	标准误差
24.3	#N/A	#N/A	#N/A	#N/A
25.1	#N/A	#N/A	#N/A	#N/A
26.2	25.2	#N/A	#N/A	#N/A
25.9	25.7333333	#N/A	25.375	#N/A
23.4	25.1166667	1.17599446	25.15	#N/A
29.8		2.2313424	26.325	#N/A
27.4		.25043206	26.625	2.00089824
24.5	27.2333333	2.55234097	26.275	2.17309543
28.6	26.8333333	1.90408917	27.575	2.05411173
23.9	25.6666667	2.13801569	26.1	1.55256844
24.5	25.6666667	1.59199386	25.375	1.56579652
28.1	25.5	1.93582215	26.275	1.58010087

图 6-43

此时，可以求解 2017 年利润率的预测值了。在 C15 单元格中输入公式"=AVERAGE (E11:E14)"，在编辑栏中单击"确认"按钮 ✓，即可查看到 2017 年利润率的预测值为 "26.33125"，如图 6-44 所示。

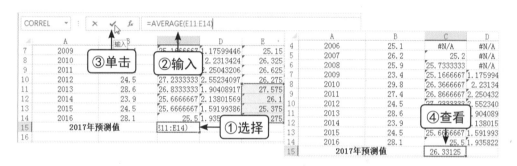

图 6-44

在 F15 单元格中输入公式"=(C15-B14)^2"，在编辑栏中单击"输入"按钮，可以获得 2016 年与 2017 年的利润率差值的平方和为"3.1285"，以此可以判断出利润率年度跨度大小，如图 6-45 所示。

图 6-45

知识补充｜显示数据结果的计算公式

为了更好地理解各数据的求解过程，可以将数据结果的计算公式显示出来，其具体操作：单击"公式"选项卡，在"公式审核"选项组中单击"显示公式"按钮即可。

2. 指数平滑法

指数平滑法是生产预测中常用的一种方法，兼有全期平均法和移动平均法的优势，不舍弃过去的数据，仅给予逐渐减弱的影响程度，即随着数据的远离，赋予逐渐收敛为零的权数。指数平滑法根据本期的实际值和预测值，并借助平滑系数 α 进行加权平均计算，预测下一期的值。它是对时间序列数据给予加权平滑，从而获得其变化规律与趋势。

在 Excel 中，指数平滑法需要使用阻尼系数 (β)。β 越小，近期实际值对预测结果的影响越大；反之，β 越大，近期实际值对预测结果的影响越小。其中，$0 \leq \alpha \leq 1$，$0 \leq \beta \leq 1$，$\beta = 1-\alpha$，β 通常是根据时间序列的变化特性来选取的。

根据时间序列数据的情况，可以大致确定 β 的取值范围，然后分别取几个值进行计算，比较在不同 β 下的预测标准误差，选取预测标准误差较小的那个预测结果即可。其中，指数平滑法的公式为

$$Y_t = \alpha X_{t-1} + (1-\alpha) Y_{t-1} = \beta Y_{t-1} + (1-\beta) X_{t-1}$$

在公式中，Y_t 表示时间 t 的平滑值；X_{t-1} 表示时间 $t-1$ 的实际值；Y_{t-1} 表示时间 $t-1$ 的平滑值。

第 7 章
数据结果的简单呈现方式

 **本章要点**

◆ 条件格式在哪种数据分析情况下使用

◆ 用填充色突出显示某个范围的数据

◆ 将前 $X\%$ 的数据显示出来

◆ 用图形比较数据大小

◆ 根据关键字将对应的记录突出显示

◆ 创建迷你图的方法

◆ 更改迷你图的类型

◆ 设置迷你图的外观效果

学习目标

经历了数据的准备、数据的加工处理和数据的分析后，所生成的分析结果应该如何吸引他人眼球并让其快速理解呢？此时，数据结果的呈现方式就显得尤为重要。通常情况下，会使用 Excel 中的条件格式和迷你图功能来展示数据分析结果。

知识要点	学习时间	学习难度
使用条件格式展示分析结果	45 分钟	★★★★
使用迷你图在单元格中分析数据	30 分钟	★★★

使用条件格式展示分析结果

数据分析的结果可能是一个数据、一条记录或者一张表格。将分析结果用不同的方式凸显出来，可以让用户在数据繁多的表格中快速找到分析结果。

7.1.1 条件格式在数据分析情况下使用的场合

在数据分析结果中，可能只有简单的几条数据，也可能有无数密密麻麻的数据。那么，如何使一些特殊的数据被用户发现并吸引他们的眼球呢？此时就需要对其进行突出显示，而条件格式就能实现这个目的，如图 7-1 所示。

培训日期	姓名	课程	讲师	参加	及格/不及格	备注
2017/4/1	郭爱明	员工介绍	孙国明	是	及格	非常优秀的讲师。
2017/4/2	兰建杰	员工介绍	孙国明	是	不及格	提前离开，未完成。
2017/4/3	汪俊元	员工介绍	孙国明	是	不及格	本季度最后一次课程。
2017/4/4	兰建杰	员工介绍	孙国明	是	及格	本季度最后一次课程。
2017/4/5	兰建杰	员工操作	金凯	是	及格	本季度第一次课程。
2017/4/6	汪俊元	员工操作	金凯	是	及格	本季度第一次课程。
2017/4/7	汪俊元	中级会计	金凯	是	及格	关闭，仅旁听。
2017/4/8	郭爱明	员工操作	金凯	是	及格	本季度第一次课程。
2017/4/9	郭爱明	中级会计	金凯	否	待考	还未参加。
2017/4/10	兰建杰	高级会计	孙国明	否	待考	还未参加。

培训日志　课程表　个人信息

图 7-1

从图 7-1 中可以看出，一眼就能发现红色字体的数据，也就是员工培训不及格的数据。这就是使用 Excel 中条件格式所达到的效果，即利用不同字体颜色或填充效果来突出显示表格中的特殊数据或记录，让数据分析结果的阅读性更强。其实，使用条件格式不仅可以将满足条件的数据突出显示出来，还能使用数据条、色阶及图示集等方式排列数据大小。

当然，不是所有场合都可以使用条件格式功能。在数据分析的过程中，如果要突出显示数据、比较数据大小或突出显示符合条件的记录，则可以使用条件格式来实现，其具体介绍如下。

1. 突出显示符合条件的数据

在突出显示数据中，可以突出显示某一个数据，如突出显示员工绩效考核中的最高分、突出显示本月报销费用最低的部门及突出显示本年度月销售量的最大值等；也可以突出显示符合条件的某一类数据，如距离自己某个范围内的外卖商家、本月工资中小于某个范围的员工及 2016 年 8 月以前生产的产品等。图 7-2 所示为突出显示高于或低于正常血压的数据。

日期	时间	活动	收缩压	舒张压	心率	备注
2017/4/20	6:00	起床	129	79	72	
2017/4/20	7:00	饭前	120	80	74	
2017/4/20	9:00	饭后	133	80	75	
2017/4/20	10:00	仅血压	143	91	75	
2017/4/20	12:00	饭前	141	84	70	
2017/4/20	15:00	饭后	132	80	68	就餐时服用治疗血压的药物
平均值			133	82	72	

图 7-2

2. 比较单行（列）或多行（列）中的数据

如果使用条件格式来比较数据，则其数据源可以是某一行（列）中的一组数据，也可以是多行（列）区域中的数据。在对这些数据比较大小时，可以用多种形式来表示数据的大小，如形状、颜色及填充色的长短等。图 7-3 所示为通过填充色的长短来比较血糖的高低。

日期	时间	活动	血糖	级别	状态	备注
2017/4/20	6:00	起床	55		低	
2017/4/21	7:00	饭前	70		低	
2017/4/22	9:00	饭后	75		正常	
2017/4/23	10:00	仅血压	190		高	
2017/4/24	12:00	饭前	140		正常	
2017/4/25	15:00	饭后	90		正常	就餐时服用治疗血压的药物
平均值			103			

图 7-3

3. 突出显示符合条件的记录

突出显示符合条件的记录是以突出显示符合条件的数据为基础，根据设置的条件，在数据集合中判断符合条件的数据，在突出显示符合条件的数据的同时，也突出显示了该数据所在的整条记录。图 7-4 所示为总费用不高于 100 元的记录。

	A	B	C	D	E	F	G	H	I	J
3										
4		**销售数据**		**销售报表**		**库存**				
5							总费用低于 100 元			
6										
7										
8		日期	时间	交易号	SKU/产品编号	说明	销售额	税率	总计	
9	2017/4/1	10:30	1001	90001	毯子	¥749.50	5.00%	¥749.50	
10	2017/4/1	10:33	1002	90023	桌布（6 英寸圆形）	¥349.90	5.00%	¥349.90	
11	2017/4/1	10:45	1003	90005	圆形盘	¥559.50	5.00%	¥559.50	
12	2017/4/1	10:55	1004	90004	方形盘	¥29.50	5.00%	¥29.50	
13	2017/4/1	11:45	1005	90002	枕头	¥149.80	5.00%	¥149.80	
14										
15										

图 7-4

7.1.2 用填充色突出显示某个范围的数据

在许多情况下，我们都希望指定范围内的数据可以以某种颜色进行显示。例如，将员工考核成绩表中的总成绩在 520 分以上的所有单元格标记为黄色，低于 450 分的单元格标记为红色，那么该怎么来实现呢？此时，可以利用条件格式的突出显示单元格规则来实现这个目标。

选择所有员工总分数据所在的单元格区域，在"开始"选项卡的"样式"选项组中单击"条件格式"下拉按钮，选择"突出显示单元格规则"→"大于"命令。在打开的"大于"对话框中设置大于的数据为"520"，在"设置为"下拉列表框中选择"黄填充色深黄色文本"选项，然后单击"确定"按钮，如图 7-5 所示。

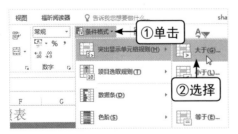

图 7-5

保持单元格区域的选择状态，在"条件格式"下拉菜单中选择"突出显示单元格规则"→"小于"命令。在"小于"对话框中设置小于的数据为"450"，在"设置为"下拉列表框中选择"浅红填充色深红色文本"选项，再单击"确定"按钮，如图7-6所示。

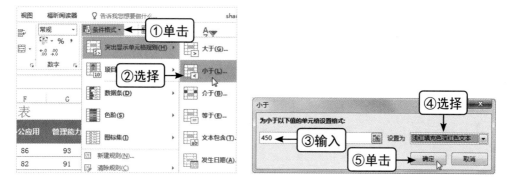

图 7-6

设置完成后，返回到工作表中即可查看到突出显示的效果，即员工考核的总成绩高于520分的单元格以黄色显示，而低于450分的单元格以红色显示，如图7-7所示。

编号	员工姓名	企业文化	企业制度	电脑操作	办公应用	管理能力	礼仪素质	总分
SYBH001	杨晓莲	86	95	73	86	93	93	526
SYBH002	康新如	85	84	92	82	91	77	511
SYBH003	钟莹	70	94	73	86	93	93	509
SYBH004	祝苗	86	71	87	94	85	84	507
SYBH005	曹翌	80	83	88	78	87	91	507
SYBH006	胡艳	60	73	75	55	82	93	438
SYBH007	马英	73	77	93	82	83	75	483
SYBH008	薛敏	87	84	95	95	82	83	526
SYBH009	李朗	83	80	75	82	73	80	473
SYBH010	张炜	75	78	88	76	73	82	472

图 7-7

知识补充｜突出显示单元格规则中的内容介绍

在突出显示单元格规则中包含多方面内容，分别是大于、小于、介于、等于、文本包含、发生日期和重复值。

其中，大于是指用于突出显示大于某个指定数据的所有数据；小于是指用于突出显示小于某个指定数据的所有数据；介于是指用于突出显示介于某个范围的所有数据；等于是指用于突出显示等于某个具体数据的所有数据。文本包含是指用于突出显示文本数据包含指定字符的所有数据；发生日期是指用于突出显示指定发生日期的所有数据；重复值是指用于突出显示指定数据集合中的所有重复数据。

7.1.3 将前 x% 的数据显示出来

数据具有一个非常明显的特点，就是具有大小之分。在进行数据分析时，经常会对数据中的某些最值进行处理，如最大值、最小值、最大几项及最小几项等。如果想要实时查看一组数据中的靠前或者靠后的部分数据，可以通过条件格式功能中的项目选取规则来实现。在项目选取规则中包含多个功能项目，其具体介绍如下。

(1) 前 10 项：在一组数据中，根据规定要求突出显示值靠前的数据。

(2) 前 10%：在一组数据中，根据要求突出显示这组数据中的前百分之十的数据。

(3) 最后 10 项：在一组数据中，根据要求突出显示值靠后的数据。

(4) 最后 10%：在一组数据中，根据要求突出显示这组数据中的后百分之十的数据。

(5) 高于平均值：在一组数据中，根据要求突出显示所有高于这组数据平均值的所有数据。

(6) 低于平均值：在一组数据中，根据要求突出显示所有低于这组数据平均值的所有数据。

某公司人力资源管理部门为了在"面试人员成绩表"中，以黄色突出显示得分平均成绩靠前 30% 的人员，利用条件规则中的项目选取规则进行了操作。

选择面试人员的平均成绩所在的单元格区域，在"开始"选项卡的"样式"选项组中单击"条件格式"下拉按钮，选择"项目选取规则"→"前 10%"命令。在打开的"前 10%"对话框中设置百分比为"30%"，在"设置为"下拉列表框中选择"自定义格式"选项，如图 7-8 所示。

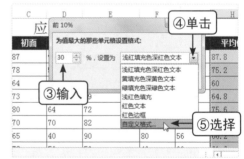

图 7-8

打开"设置单元格格式"对话框，单击"填充"选项卡，在其中选择一种单元格填充颜色，然后依次单击"确定"按钮。返回到工作表中，即可查看到相关的设置效果，如图 7-9 所示。

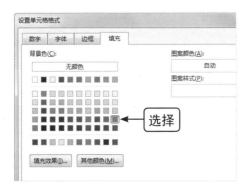

图 7-9

> **知识补充｜查找有条件格式的单元格**
>
> 　　条件格式可以在输入数据之前进行设置，如果单元格中的数据不能执行条件格式，则条件格式的效果无法显示出来。此时，如果想要知道工作表中哪些单元格区域设置了条件格式，则可以通过查找替换功能来搜寻，其具体操作如下。
>
> 　　在"开始"选项卡的"编辑"选项组中单击"查找和选择"下拉按钮，选择"条件格式"命令，即可选中所有包含条件格式的单元格或单元格区域。

7.1.4　用图形比较数据大小

　　在数据分析过程中，可能会遇到对相邻单元格的数据进行比较的情况，当数值比较大但相邻数据的差别不是很大时，可以选择使用图形形状来比较这些数值的大小。在条件格式功能中提供了 3 种可以用于比较数据大小的方式，分别是数据条、色阶和图标集，具体介绍如下。

　　(1) **数据条**。数据条可以帮助我们直观地查看某个单元格相对于其他单元格的值，较长条形图表示较大的值，而短条形图表示较小的值。

　　(2) **色阶**。色阶可以帮助我们了解数据分发和变体，如一段时间返回投资的过程。单元格是与渐变对应于最小、中间和最大阈值的两种或三种颜色的底纹。

　　(3) **图标集**。使用图标集显示不同的阈值的 3 ～ 5 个类别的数据，每个图标表示值的范围和每个单元格批注图标表示该区域。例如，使用 3 个图标集，一个图标以突出显示所有值大于或等于 65%，另一个图标显示值小于 65% 和大于或等于 35%，还有一个图标显示小于 35% 的值。

公司为了寻求更加稳定的发展，按照实际规划完成目标，合理激发员工工作积极性与主动性，需要定期对员工进行绩效考核。为了使员工绩效考核的成绩更加直观，特地使用了条件格式中的数据条、色阶和图标集来对数据进行比较，并作出了相应的展示，其具体操作如下。

选择所有员工企业文化成绩数据所在单元格区域，在"开始"选项卡的"样式"选项组中单击"条件格式"下拉按钮，选择"数据条"命令，在弹出的子菜单中选择需要的数据条条件格式样式，即可查看到设置后的效果，如图 7-10 所示。

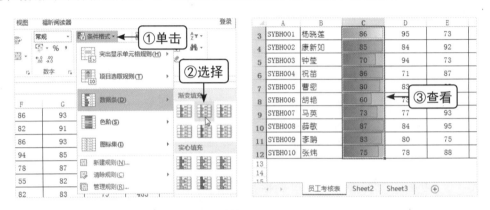

图 7-10

选择所有员工企业制度成绩数据所在单元格区域，在"条件格式"下拉菜单中选择"色阶"命令，在弹出的子菜单中选择需要的色阶条件格式样式，即可查看到设置后的效果，如图 7-11 所示。

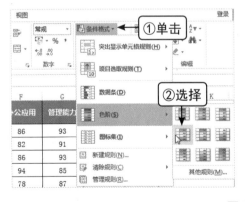

图 7-11

选择所有员工电脑操作成绩数据所在单元格区域，在"条件格式"下拉菜单中选择"图标集"命令，在弹出的子菜单中选择需要的数据条条件格式样式，即可查看到设置后的效果，如图 7-12 所示。

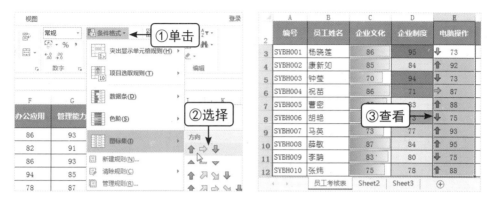

图 7-12

7.1.5　根据关键字将对应的记录突出显示

在进行数据分析的过程中，有时可能只需要查看表格中的某条或某一类数据记录信息。例如，人力资源管理部门在员工设备库存表中只查看"项目 0005"的设备信息，则只需要在表格中将设备 ID 为"项目 0005"的设备信息突出显示出来，如图 7-13 所示。

	设备 ID	项目名称	分配对象	发放日期	项目期限
4	项目 0001	椅子	员工 1	2017/3/27	25! 天
5	项目 0002	激光打印机	员工 2	2015/12/29	479! 天
6	项目 0003	扫描仪	员工 3	2016/10/26	177! 天
7	项目 0004	激光打印机	员工 7	2017/4/3	18! 天
8	项目 0005	咖啡机	员工 20	2016/9/6	227! 天
9	项目 0006	扫描仪	员工 14	2017/3/2	50! 天
10	项目 0007	桌子	员工 4	2016/12/22	120! 天
11	项目 0008	复印机	员工 12	2015/12/9	499! 天
12	项目 0009	额外显示器	员工 8	2017/3/22	30! 天
13	项目 0010	白板	员工 19	2017/3/2	50! 天
14	项目 0011	复印机	员工 18	2016/1/27	450! 天
15	项目 0012	文具用品	员工 18	2016/2/26	420! 天

图 7-13

如果想要突出显示符合指定条件的数据记录，可以通过函数结合自定义条件格式来实现。由于要根据关键字将对应的记录突出显示出来，此时需要使用到 FIND() 函数。

选择数据单元格区域 (所有的数据记录)，单击"条件格式"下拉按钮，选择"新建规则"命令。在打开的"选择规则类型"列表框中选择"使用公式确定要设置格式的单元格"选项，在"为符合此公式的值设置格式"输入框中输入"=FIND($E$1,$A4)"，单击"格式"按钮，如图 7-14 所示。

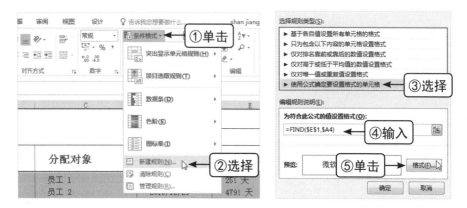

图 7-14

打开"设置单元格格式"对话框，在"填充"选项卡中设置一种填充颜色，依次单击"确定"按钮。返回到工作表中，在 E1 单元格中输入查询设备 ID，如输入"项目 0003"，按 Enter 键后，系统自动将设备 ID 为"项目 0003"的设备信息突出显示出来，如图 7-15 所示。

图 7-15

知识补充 | FIND() 函数的使用说明

使用 FIND() 函数可以搜索一个字符串在另一个字符串中出现的位置，其语法结构为：FIND(find_text,within_text,[start_num])。find_text 参数是指要查找的文本；within_text 参数含要查找文本的文本；start_num 参数是指指定开始进行查找的字符。其中，within_text 中的首字符是编号为 1 的字符，省略 start_num 参数则假定其值为 1。

使用迷你图在单元格中分析数据

顾名思义，迷你图的明显特征就是小，小到可以直接放到单元格中，即迷你图可以在单元格中对简单的数据变化进行直观的展示与分析，其主要分为折线图、柱形图和盈亏。

7.2.1　创建迷你图的方法

迷你图是嵌入工作表单元格中的一个微型图表，且图表的设置项非常少，可以将表格数据图示化，从而方便我们直观、清晰地查看与分析数据。使用迷你图不仅可以显示数值系列中的趋势（如空调在冬季的销量明显减少），还可以突出显示数据中的最大值和最小值。通常情况下，在数据旁边添加迷你图可以使数据分析获得最佳效果，如图 7-16 所示。

序号	项目描述	总体 BAC (¥)	PV (¥)	EV (¥)	AC (¥)	PEA (¥)	CV (¥)	CV (%)	SV (¥)	SV (%)	CPI	SPI
A	方案 A	4890	2540	2250	2660		(410)	-16%	(290)	-11%	0.85	0.89
A.1	项目 1	1860	930	900	1000		(100)	-11%	(30)	-3%	0.90	0.97
A.1.1	可交付结果 1	1000	550	500	600		(100)	-18%	(50)	-9%	0.83	0.91
A.1.2	可交付结果 2	280	130	140	180		(40)	-31%	10	8%	0.78	1.08
A.1.3	可交付结果 3	580	250	260	220		40	16%	10	4%	1.18	1.04
A.2	项目 2	3030	1610	1350	1660		(310)	-19%	(260)	-16%	0.81	0.84
A.2.1	可交付结果 1	1800	920	800	1000		(200)	-22%	(120)	-13%	0.80	0.87
A.2.2	可交付结果 2	450	350	200	300		(100)	-29%	(150)	-43%	0.67	0.57
A.2.3	可交付结果 3	780	340	350	360		(10)	-3%	10	3%	0.97	1.03
B	方案 B	7050	3630	4050	4300		(250)	-7%	420	12%	0.94	1.12
B.1	项目 1	3750	1480	2100	2250		(150)	-10%	620	42%	0.93	1.42
B.1.1	可交付结果 1	2500	550	1250	1500		(250)	-45%	700	127%	0.83	2.27

图 7-16

虽然 Excel 表格的行或列中显示数据非常有用，但很难一眼看出数据的分布形态。此时，可以通过插入迷你图的数据旁边提供这些数字的上下文。通过在数据旁边插入图表，不仅仅是因为其占用空间少，而且可以更加清楚地展示数据的发展趋势。

某公司为了对本年的支出金额进行分析，特别对每个月的费用支出明细进行了统计，并将数据引用到一个工作表中。为了能更加直观地分析数据，可以在数据的后面添加迷你图，其具体操作如下。

在工作表中选择需要创建迷你图的单元格，在"插入"选项卡的"迷你图"选项组中单击"折线图"按钮。打开"创建迷你图"对话框，在"数据范围"输入框中输入数据范围，然后单击"确定"按钮，如图 7-17 所示。如果需要将迷你图创建到其他单元格中，还可以在"位置范围"输入框中输入数据单元格地址。

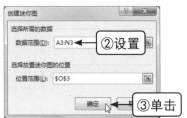

图 7-17

返回到工作表中，将光标移动到创建迷你图的单元格的控制柄上，按住鼠标左键不放向下拖动，到目标位置后释放鼠标，拖动的区域将以对应的数据区域创建迷你图，如图 7-18 所示。

	F	G	H	I	J	K	L	M	N	O	P
2	5月	6月	7月	8月	9月	10月	11月	12月	总计	趋势	
3	375.00	201.00	0.00	0.00	0.00	0.00	0.00	201.00	1,263.00		
4	111.00	98.00	0.00	0.00	0.00	0.00	0.00	440.00	1,486.00		
5	333.00	122.00	0.00	0.00	0.00	0.00	122.00	2.00	填充		
6	125.00	187.00	0.00	0.00	0.00	0.00	0.00	187.00	1,519.00		
7	33.00	441.00	0.00	0.00	0.00	0.00	0.00	99.00	888.00		
8	977.00	1,049.00	0.00	0.00	0.00	0.00	0.00	1,049.00	6,188.00		

图 7-18

如果其他数据需要制定同样的迷你折线图（如上例），除了利用填充柄填充迷你图外，还可以利用复制和粘贴功能，将第一个迷你图复制、粘贴到其他单元格中，数据位置也会相应随之发生改变。

7.2.2　更改迷你图的类型

在创建迷你图时，可能无法很准确地选择最适合的迷你图类型，这就可能导致迷你图与数据不搭调，或者迷你图的阅读效果较差，此时就需要更改迷你图的类型。Excel 系统为用户提供了 3 种迷你图类型，可以根据需要进行选择。

选择需要修改类型的迷你图，切换到"迷你图工具"的"设计"选项卡中，在"类型"选项组中选择目标迷你图类型，如单击"柱形图"按钮，此时迷你图的类型就自动进行更改，如图 7-19 所示。

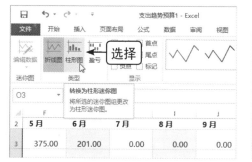

图 7-19

7.2.3　设置迷你图的外观效果

由于使用迷你图可以直观地表示和显示数据趋势，所以在显示数据的趋势时非常有用，特别是当与其他人共享数据时。不过，为了使迷你图更好地实现展示作用，以帮助我们更直观地分析数据，可以手动对其显示效果进行设置，如迷你图的样式、颜色及标记等。下面就以 7.2.1 小节的支出趋势中创建的迷你图为例，详细介绍设置迷你图的样式、颜色和标记等外观效果。

选择所有迷你图，在"迷路图工具"的"设计"选项卡的"分组"选项组中单击"组合"按钮。保持迷你图的选择状态，在"迷路图工具"的"设计"选项卡的"样式"选项组中单击"其他"按钮。选择需要的样式，如图 7-20 所示。

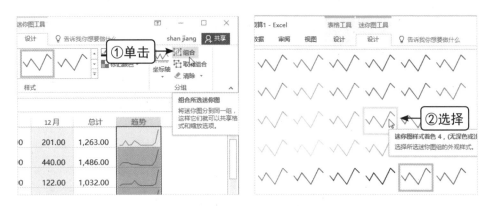

图 7-20

在"显示"选项组中选中"高点"和"低点"复选框，分别显示出折线迷你图中的最高点和最低点。在"样式"选项组中单击"标记颜色"按钮，选择"高点／浅蓝"选项，以相同方法设置低点的标记颜色，如图 7-21 所示。

图 7-21

在"样式"选项组中单击"迷你图颜色"下拉按钮，选择"粗细"命令，在其子菜单中选择"1 磅"选项，即可查看到最终的设置效果，如图 7-22 所示。

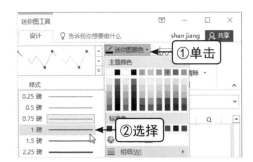

图 7-22

第 8 章
透过图表直观查看数据分析结果

 **本章要点**

- ◆ 为什么要用图表展示数据
- ◆ 掌握图表与数据之间存在的关系
- ◆ 数据演变成图表的 5 个阶段
- ◆ 了解图表的基本组成部分
- ◆ 创建一个完整图表的步骤
- ◆ 图表数据的编辑

- ◆ 图表元素的设置
- ◆ 用图片让数据分析呈现更形象
- ◆ 直观区分图表中的正负数
- ◆ 断裂折线图的处理方法
- ◆ 自动显示图表中的最值数据
- ◆ ……

 **学习目标**

条件格式和迷你图只能简单地对数据结果进行展示，如果要更完整和清晰地展示数据分析的结果，还需要使用 Excel 中提供的图表。本章将具体介绍利用图表图形化展示数据的相关基础内容以及必会的基本操作。

知识要点	学习时间	学习难度
揭开图表的神秘面纱	**40** 分钟	★★★
利用图表展现数据的必会操作	**60** 分钟	★★★★
优化图表的技巧	**50** 分钟	★★★★
数据分析中的特殊图表制作	**30** 分钟	★★★

揭开图表的神秘面纱

图表作为数据可视化的重要手段，被很多的数据分析师所青睐，那么 Excel 图表到底有哪些独特之处？它又能展示哪些类型的数据？如何完成数据到图表的转换？图表又由哪些内容组成？

8.1.1 用图表展示数据的意义

图形是直观展示数据分析结果的一种有效形式，由于图表具有以下几点独特的优势，所以许多数据分析师都选择用图表来展示数据分析结果。

1. 表达直观形象

直观形象是图表最大的特点，能使人一目了然地看清楚数据的大小、差异和变化趋势。例如，在本书第 2 章中介绍的数据呈现方式中的图 2-11 所示的例子，可以很清楚地对比出利用图表展示数据的明显优势。这里再引用这个例子，在表格中可以很清楚地对应查看每个员工的销售毛利，但是最大销售毛利不明显，如图 8-1 上图所示。但是用图表展示数据后，每个员工的销售毛利之间的大小关系，取得最大销售毛利的员工等信息一目了然，如图 8-1 下图所示。

员工	销售毛利
杨思怡	5.678 万元
马思思	8.562 万元
袁一丁	0
何艺豪	18.321 万元
蒋晓杰	7.483 万元
钟晓彤	6.489 万元

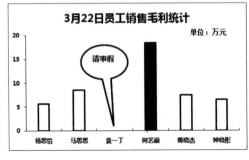

图 8-1

2. 图表种类丰富

在进行数据分析的过程中，我们的分析目的往往都不是固定不变的，有时会分析数据的变化趋势，有时会分析数据的大小，也许还会分析数据的相关关系等。

在 Excel 中，系统提供了丰富的图表类型，如图 8-2 所示，通过这些图表类型可以描述这些分析目的。

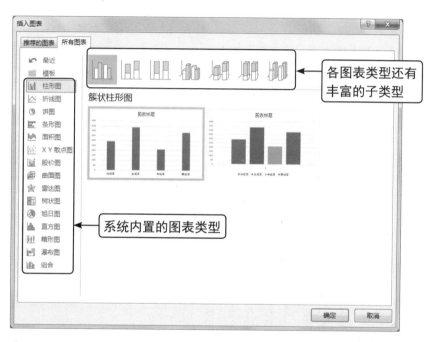

图 8-2

3. 数据的动态关联

数据的动态关联特性只有 Excel 中提供的图表类型才具有，它是指根据表格中的数据创建的图表，若修改表格中的数据，图表中对应的表示该数据的形状也会随之改变。这种动态关联使图表在表达数据时与图表的数据源表格是同步的，不用担心多次修改的麻烦。

4. 易分析的二维平面

Excel 2016 中的图表大多是以二维平面的形式展现数据（一个水平坐标轴、一个垂直坐标轴），这样就可以一目了然地查看数据，并对各个数据进行分析。图 8-3 所示为展示的各种图表效果。

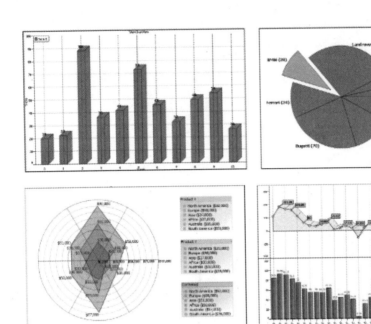

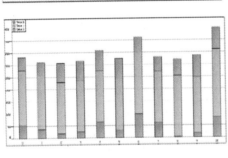

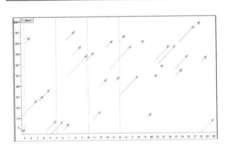

图 8-3

8.1.2 掌握图表与数据之间存在的关系

同一组数据，如果分析的目的不同，其使用的图表类型也不同。

如何才能使用正确的图表准确展示数据关系？

数据与图表之间存在哪些关系？

这些都是数据分析师在制作图表之前需要考虑的问题。

了解数据可以用哪些图表类型来展现是数据分析师必须掌握的基本功，因为只有正确的图表类型才能更好地展示数据分析结果。

在数据分析结果处理中，常见的数据关系有 3 种，分别是数量关系、趋势关系和占比关系。数量关系即对数据的大小进行比较，趋势关系主要是研究数据的变化是增、减还是区域平衡，占比关系又称为成分关系，主要研究数据与总数的成分问题。此外，还有一些特殊的数据关系，如相关关系等。

在 Excel 2016 中，系统提供了多种类型的图表，那么这些图表类型到底适合展示哪种类型的数据结果呢？在表 8-1 中具体介绍了各种数据关系具体用哪种图表来展示。

表 8-1　数据关系与图表类型的对应

数据关系	图表类型	描述
大小关系	柱形图	主要通过查看柱形形状的长短差异判断数据大小，用于显示一段时间内的数据变化或显示各项数据之间的比较情况
	条形图	条形图的作用与柱形图相似，也是用于显示各项数据之间的比较情况，但是它弱化了时间的变化，偏重于比较数量的大小
趋势关系	折线图	折线图是以折线的方式展示某一时间段的相关类别数据的变化趋势，强调时间性和变动率，适用于显示与分析在相等时间段内的数据趋势
	面积图	面积图主要是以面积的大小来显示数据随时间而变化的趋势，也可以表示所有数据的总值趋势。其使用范围没有柱形图、条形图和折线图广泛，但在表现一段时间内数量的大小时也可考虑选用
占比关系	饼图	饼图一般用来展示总和为 100% 的各项数据的占比关系，即只能对一列数据进行比较分析，其中每个扇形表示数据系列中的一项数据
	圆环图	要对包含多列的目标数据进行占比分析，可用系统提供的圆环图来详细说明数据的比例关系，圆环图由一个或者多个同心的圆环组成，每一个圆环表示一个数据系列，并划分为多个环形段，每个环形段的长度代表一个数据值在相应数据系列中所占的比例。此外，在表格中从上到下的数据记录顺序，在圆环图中对应从内到外的圆环
其他关系	雷达图	雷达图也称为蜘蛛图或星状图，在对同一对象的多个指标进行描述和分析时，可选用该类型的图表，使阅读者能同时对多个指标的状况和发展趋势一目了然。雷达图的每个分类都拥有一个独立的坐标轴，各轴由图表中心向外辐射，同一系列的数据点绘制在坐标轴上，并以折线相连，因形似雷达得名。雷达图的每个坐标轴代表一个数据系列，通常用各数据系列的不同水平参考值绘制成图表的几个系列，并与用实际值绘制成的系列进行比较

数据关系	图表类型		描述
其他关系	XY散点图	散点图	散点图将沿横坐标(X轴)方向显示的一组数值数据和沿纵坐标轴(Y轴)方向显示的另一组数值数据合并到单一数据点，并按不均匀的间隔或簇显示出来，常用于比较成对的数据，或显示独立的数据点之间的关系
		气泡图	气泡图是散点图的变体，因此，其要求的数据排列方式与散点图一样，即确定一行或一列表示X轴数值，在其相邻的一列表示相应的Y轴数值。在气泡图中，以气泡代替数据点，气泡的大小表示另一个数据维度。所以气泡图比较的是成组的3个数，通常用来直观地展示财务数据
	股价图		股价图主要用于展示股票价格的波动情况，在工作表中使用股价图，其数据的组织方式非常重要。例如，要创建简单股价走势分析图，应该按输入的"开盘""最高""最低"和"收盘"列标题 (或者"最高价""最低价"和"收盘价") 的顺序来排列数据
	旭日图		旭日图非常适合显示分层数据，并将层次结构的每个级别通过一个环或圆形表示，最内层的圆表示层次结构的顶级 (不含任何分层数据的旭日图与圆环图类似)。若具有多个级别类别的旭日图，则强调外环与内环的关系
	树状图		树形图是一种直观和易读的图表，所以特别适合展示数据的比例和数据的层次关系。如分析一段时期内的销售数据——什么商品销量最大、赚钱最多等
	箱形图		箱形图不仅能很好地展示和分析出数据分布区域和情况，而且还能直观地展示出一批数据的"四分值"、平均值以及离散值
	瀑布图		瀑布图是由麦肯锡顾问公司所独创的图表类型，因为形似瀑布流水而称之为瀑布图 (Waterfall Plot)。此种图表采用绝对值与相对值结合的方式，适用于表达数个特定数值之间的数量变化关系

知识补充｜Excel 2016 新增图表

在表 8-1 所列的其他关系中，旭日图、树状图、箱形图和瀑布图是 Excel 2016 中新增的图表类型，这些图表类型可以帮助数据分析师更好地进行分层或者统计分析。

8.1.3　数据演变成图表的 5 个阶段

数据分析是一个严谨的过程，经过这一过程后得到的数据分析结果，也要按照科学的流程才能将其转化为直观显示数据结果的图表。因为对于一段数据资料来说，Excel 还不能直接将其转化为图表，它必须经过一个中间转换过程，即数据资料的表单化，然后再根据表单来生成图表，具体的数据演变成图表的 5 个阶段，如图 8-4 所示。

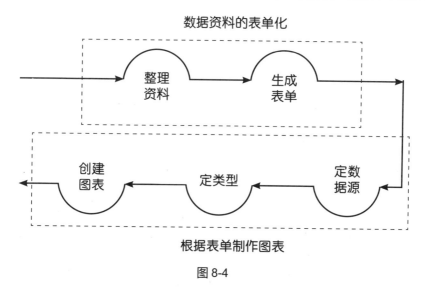

图 8-4

(1) 整理资料。它是指将搜集的零散信息整理成可以使用的完整文字资料 (如果有现成的文字资料，可省略该步)。

(2) 生成表单。文本表单化是指在文字资料中筛选出需要的数字数据，并将其整理成简洁且直观的表单。

(3) 定数据源。定数据源是指根据图表的主题需要，在制作的表单中确定生成图表的源数据。

(4) 定类型。定类型是指根据用户对数据的分析目的，选择并确定最能体现数据关系的图表类型。

(5) 创建图表。该步骤是图表形成的最后步骤，该步主要是根据表单中确定的数据源，用 Excel 创建图表。

8.1.4　了解图表的基本组成部分

从前面的知识可以了解到，在数据分析结果处理中，数据的关系无非就是那么几种，但是每种关系可以使用的 Excel 图表不是唯一的，如简单的数据大小关系展示就对应了柱形图和条形图，而且这些图表类型还有很多的子类型图表，如二维柱形图和三维柱形图等。

虽然 Exccel 中的图表种类繁多，但是一个完整图表的基本组成部分是相同的，主要包括图表区、绘图区、图表标题、数据系列、坐标轴、图例和数据标签等，各组成部分的具体说明如图 8-5 ～图 8-7 所示。

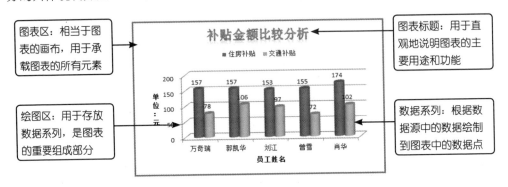

图 8-5

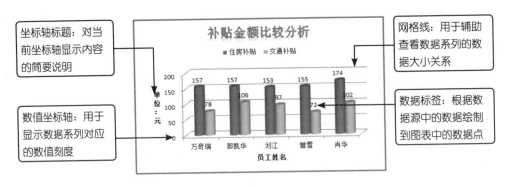

图 8-6

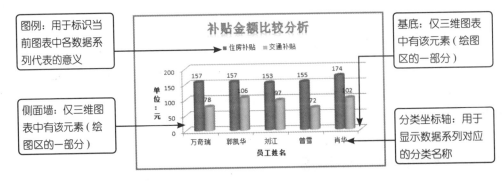

图 8-7

利用图表展现数据的必会操作

图表并不是表面上看到的那样，选择数据源后，再选择一个图表类型就完成了创建，其实不然，要制作出符合实际需求，最能体现数据分析结果的图表，少不了进行必要的编辑和布局设置。

8.2.1 创建一个完整图表的步骤

图表是数据直观展示的有效方式，要达到直观清晰展示的效果，在数据进行图表化时，首先要明白以下几点经验：①图表类型，一定要与分析需求一致；②图表标题，传达图表内容的第一手信息；③图表大小不合适，会影响数据结果的分析；④图表的位置，要根据分析目的来确定。只要在创建图表时结合这 4 点经验，制作的图表就一定是符合实际分析目的的图表。

在这 4 点经验的基础上，再来了解创建一个完整图表所需要的步骤。

1. 第一步：创建基本图表的方法

创建基本图表是指根据数据源创建一个符合分析目的的图表，其关键步骤有两个，一是确定需要创建图表的数据源，二是直接利用 Excel 提供的创建图表的功能来创建图表。例如，在图 8-8 中统计了公司各分公司的业绩情况，现在要对比分析各分公司本月和上月的业绩大小。

	A	B	C	D	E	F	G	H	I
1	各分公司业绩升降分析								
2	分公司	本月业绩	上月业绩	业绩升降量	业绩升降状态				
3	BJ分公司	8000000	8400000	-400000	降				
4	SH分公司	5500000	5200000	300000	升				
5	JS分公司	11000000	12500000	-1500000	降				
6	NJ分公司	7200000	7500000	-300000	降				
7	CQ分公司	4100000	4000000	100000	升				
8	CD分公司	5400000	6000000	-600000	降				

图 8-8

根据目的可以确定图表的数据源为 A2:C8 单元格区域，因为是对数据的大小进行对比，所以可以选择柱形图图表类型。在确定了图表数据源和分析了需要使用的图表类型后，选择需要创建图表的数据源，在"插入"选项卡"图表"选项组中单击需要的图表类型按钮，在弹出的下拉菜单中选择需要的子类图表类型即可，如图 8-9 所示。

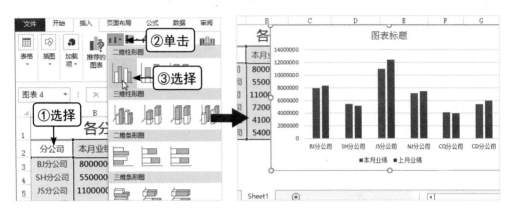

图 8-9

也可以在"插入"选项卡的"图表"选项组中单击"推荐的图表"按钮或者"对话框启动器"按钮，在打开的"插入图表"对话框中的"推荐的图表"选项卡或者"所有图表"选项卡中即可选择需要的图表类型，如图 8-10 所示。

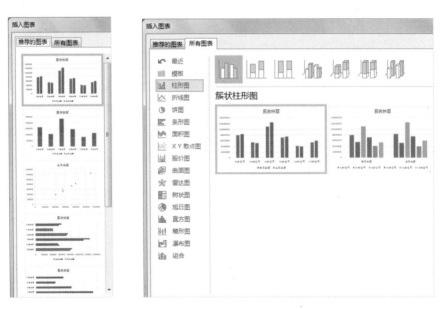

图 8-10

在 Excel 2013 及以后的版本，程序提供了快速分析工具按钮，直接选择数据源后，单击出现的"快速分析"按钮，单击"图表"选项卡，选择相应的图表选项即可创建图表，如图 8-11 所示。或选择"更多图表"选项，打开"插入图表"对话框，在对话框中选择需要的图表。

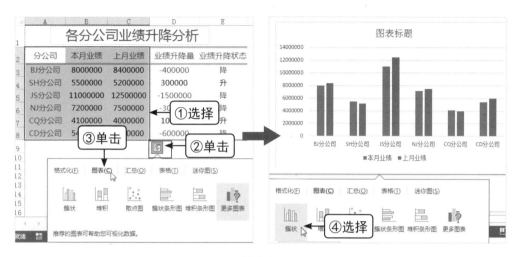

图 8-11

2. 第二步：为图表添加一个合适的标题

图表标题是传递图表信息最直接的一个组成元素，因此，数据分析师在添加图表标题时，一定要谨慎和仔细，如果图表标题设置得不合适，不仅不能很好地传递信息，而且容易让他人曲解。

如图 8-12 所示，图表标题为"各分公司业绩升降分析"，而实际上图表中呈现的数据是各分公司本月业绩和上月业绩的对比，因此图表标题没有真实地反映图表数据。并且这个标题也不具体，会让人产生各种歧义，既然是升降分析，到底是想传递业绩上升了还是业绩下降了的信息呢？

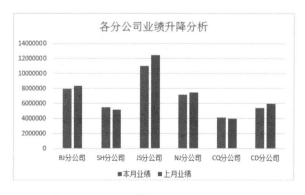

图 8-12

由此可见，一个合适的图表标题的作用是多么大。图表标题表示图表中所要表达的内容，其设置需要遵循以下两个原则。

◆ **符合数据源的内容**。即应符合数据源中的数据所要表达的内容，如数据源为各分公司业绩升降分析，在使用图表对比分析各分公司本月业绩与上月业绩的情况时，可设置图表标题为"各分公司本月业绩与上月业绩对比"。

◆ **功能的精准表达**。即使用某种图表所要达到的目的，如在各分公司业绩升降分析数据源中，如果对比分析本月业绩与上月业绩的数据，则图表标题就应该是"各分公司本月业绩与上月业绩对比"，而不能设置为其他，如"各分公司本月业绩的升降情况分析"。

在 Excel 中，如果创建的图表中的数据系列只有一个，则程序自动以数据对应的表头作为图表名称，如果创建的图表中的数据系列有两个或两个以上，则程序自动添加一个"图表标题"内容的占位符。无论哪种情况，都要对图表标题进行修改，虽然只有一个数据系列时，图表标题是数据源的表头，但是表头毕竟简单，传递信息不完整。

对于图表标题的修改很简单，将文本插入点直接定位到图表标题占位符中，删除占位符内容或者选择占位符内容，然后输入正确的图表标题即可，如图 8-13 所示。

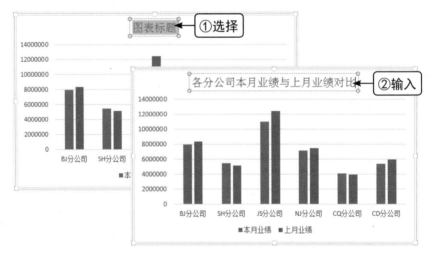

图 8-13

如果不小心将图表标题占位符删除了，此时可以手动添加图表标题，其具体的操作方法如下：选择需要添加标题的图表，在"图表工具"的"设计"选项卡的"图表布局"选项组中单击"添加图表元素"按钮，在弹出的下拉菜单中选择"图表标题"命令，在弹出的子菜单中选择需要的标题显示方式，一般情况下，为了更好地展示图表中的数据，多选用"图表上方"标题，如图 8-14 所示。

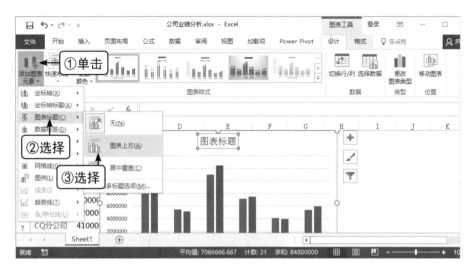

图 8-14

也可以选择图表后，单击图表右上角的"图表元素"按钮，将鼠标指针移动到"图表标题"复选框上，单击其右侧的▶按钮，在弹出的菜单中选择需要的图表标题显示方式即可，如图 8-15 所示。

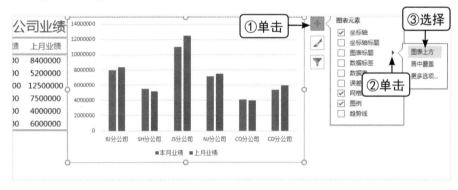

图 8-15

3. 第三步：调整图表的大小和位置

创建图表后，系统按默认的大小和位置显示图表，如果觉得大小和位置不合适，用户还可以进行调整，使其显示更加合理。

1) 调整图表的大小

如果要快速调整图表的大小，直接选择图表后，按下鼠标左键拖动图表左右两侧的控制点可调整图表的宽度；拖动图表上下两侧的控制点可调整图表的高度；拖动图表四角上的控制点可同时调整高度和宽度，拖动过程中按住 Shift 键不放可等比例调整图表的高度和宽度)，如图 8-16 所示。

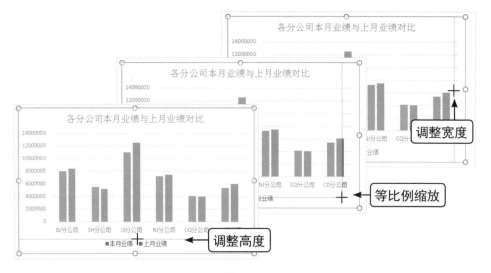

图 8-16

对于同一张工作表中的多个图表需要设置相同的大小，这就对每张图表的高度和宽度有精确的要求，而通过手动拖动的方法比较麻烦，这时可按住 Ctrl 键的同时选择需要设置大小的图表，然后在"绘图工具"的"格式"选项卡的"大小"选项组中的"高度"和"宽度"数值框中设置具体的高度值和宽度值，如图 8-17 所示，设置完后按 Enter 键，即完成统一所选图表大小的操作。

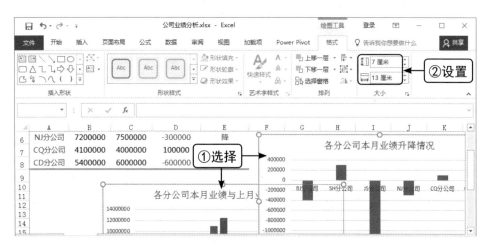

图 8-17

也可以分别选择每张图表，在"图表工具"的"格式"选项卡的"大小"选项组中的"高度"和"宽度"微调框中设置具体的高度值和宽度值，完成图表大小的统一设置，如图 8-18 所示。

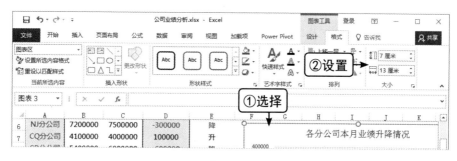

图 8-18

2) 移动图表位置

在 Excel 2016 中创建图表的位置是自动放置的，用户可以像移动图片一样在当前工作表中移动图表至任意位置。

如果需要将图表移动到其他工作表中，其操作方法为：选择需要移动的图表，在"图表工具"的"设计"选项卡的"位置"选项组中单击"移动图表"按钮，在打开的"移动图表"对话框中设置移动的位置和名称后单击"确定"按钮，如图 8-19 所示。

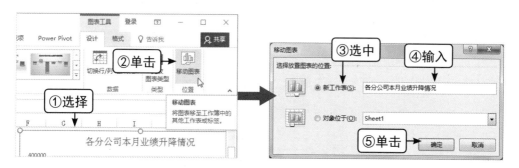

图 8-19

8.2.2　图表数据的编辑

图表是依托数据而生成的，同一个数据源，根据数据分析师想要表达的不同观点，可以创建出许多不同主题的图表，因此在创建好图表后，也有可能会因为各种需求的改变而改变，这些就会涉及图表数据的编辑。

对图表数据源的操作一般有 3 种情况，分别是更换图表数据源、切换行列数据以及在图表中添加或删除数据。下面逐一进行介绍。

1. 更改图表数据源

在利用图表展示数据分析结果时，难免出现误操作选择了错误的数据源来创建图表。例如，本来要展示各分公司本月业绩升降情况，结果误选择了本月的业绩数据创建图表，如图 8-20 所示。

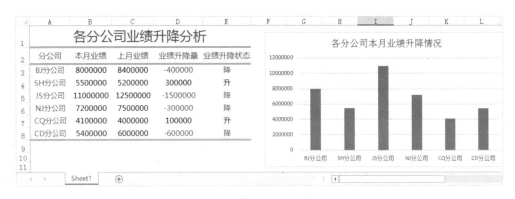

图 8-20

此时可以不用删除图表重新新建正确的图表，直接更改图表中的数据源即可。其具体操作如下。

选择图表，在"图表工具"的"设计"选项卡的"数据"选项组中单击"选择数据"按钮；或者选择图表后在图表的任意空白位置单击鼠标右键，在弹出的快捷菜单中选择"选择数据"命令，打开"选择数据源"对话框，如图 8-21 所示。

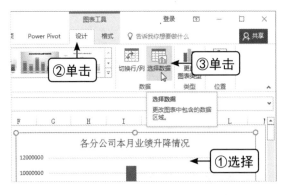

图 8-21

　　程序自动选择"图表数据区域"文本框中的所有图表数据源区域，按 Delete 键删除数据源，重新选择分公司数据源后，按住 Ctrl 键不放继续选择业绩升降量数据更改图表的数据源，完成后单击"确定"按钮即可，如图 8-22 所示。

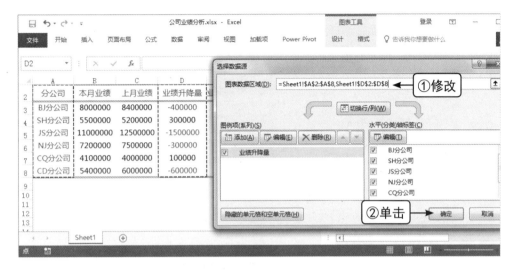

图 8-22

2. 切换行列数据

　　默认情况下，在选择数据源创建图表时，程序会根据表格的排列方式自动创建识别图表的行列数据，图 8-23 左图所示为系统自动识别的行列图表效果，其中各分公司作为分类坐标轴，本月业绩和上月业绩作为数据系列。如果要以本月业绩和上月业绩作为图表的分类坐标轴，各分公司的数据作为数据系列来对比查看业绩情况，如图 8-23 右图所示，在不改变图表数据源表格结构的前提下，此时可以通过切换图表的行列数据来实现。

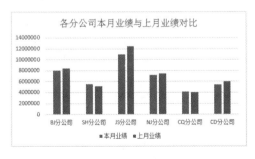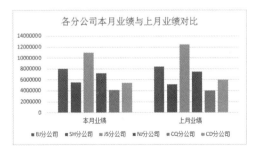

图 8-23

在 Excel 2016 中，切换图表的行列数据的方法有以下几种。

(1) **在功能区中切换**。选择图表任意组成部分，在"图表工具"的"设计"选项卡的"数据"选项组中单击"切换行 / 列"按钮，如图 8-24 所示。

(2) **在对话框中切换**。选择图表任意组成部分，通过任意方式打开"选择数据源"对话框，单击其中的"切换行 / 列"按钮，如图 8-25 所示。

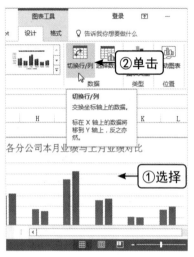

图 8-24

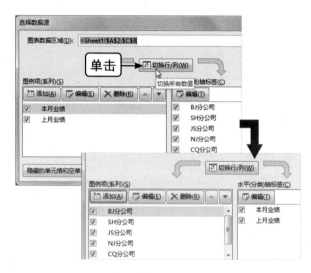

图 8-25

3. 在图表中添加 / 删除数据

由于图表的动态关联图表数据源的特性，即使图表已经制作完成，数据分析师在实时给他人介绍分析结果时，也可以根据需要动态向图表添加或删除数据，从而达到有效展示当时陈述观点的目的。

1) 在图表中添加数据

例如，在制作好的各分公司本月业绩对比图表中，要临时对比一下各月本月和上月的业绩数据，此时可以通过在图表中添加数据来达到目的。

用户可以直接选择图表，此时在数据源区域中有 3 个区域被框住了，被框选的表格数据就是图表中显示的数据，如果要在图表中添加数据系列，则直接将鼠标指针移动到蓝色边框框选区域的右下角，按住鼠标左键不放，拖动鼠标增加连续的数据到图表中，如图 8-26 所示。

也可以在数据源区域中选择要添加到图表中的数据源，按Ctrl+C 组合键进行复制，然后选择图表，直接按 Ctrl+V 组合键执行粘贴操作可以快速将选择的数据源添加到图表中。

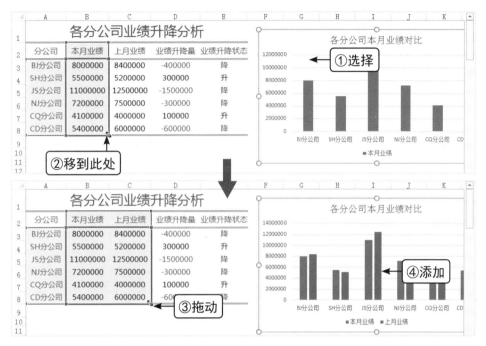

图 8-26

除了前面介绍的方法以外，还可以选择图表后单击"图表工具"的"设计"选项卡"数据"选项组的"选择数据"按钮（或者在图表中任意位置右击，在弹出的快捷菜单中选择"选择数据"命令），在打开的"选择数据源"对话框中单击"添加"按钮，如图 8-27 所示。

图 8-27

在打开的"编辑数据系列"对话框中程序自动将文本插入点定位到"系列名称"

文本框中，直接在数据表中选择系列名称单元格，这里选择 C2 单元格，删除"系列值"文本框中的所有内容，重新选择 C3:C8 单元格区域，此时在图表中已经可以预览到添加的数据系列了，如图 8-28 所示。单击"确定"按钮，在返回的对话框中单击"确定"按钮完成整个操作。

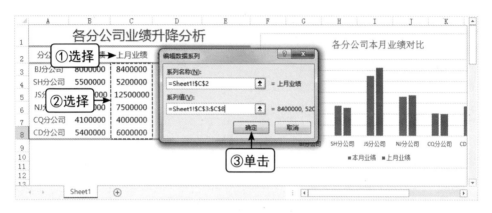

图 8-28

2) 在图表中删除数据

根据向图表中添加数据系列的方法可以推测，删除数据系列也应该有 3 种方法。其具体方法如下。

(1) 通过调整数据源区域删除。与调整数据源区域添加数据系列的操作相似，只是通过此方法删除数据系列时，通过调整蓝色边框将不需要的数据系列引用的单元格从数据源区域内排除，如图 8-29 所示。

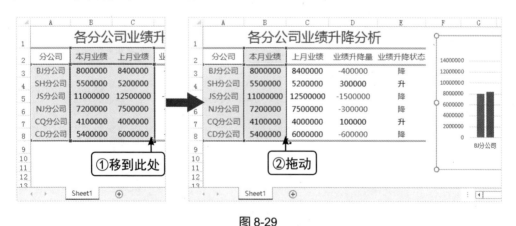

图 8-29

(2) 通过快捷键删除。选择要删除的数据系列后按 Delete 键，这是最常用也是最快速的方法。

(3) 通过对话框删除。选择图表后，通过任意方法打开"选择数据源"对话框，在"图例项 (系列)"栏中间的列表框中选择需要删除的数据系列，单击"删除"按钮即可，如图 8-30 所示。

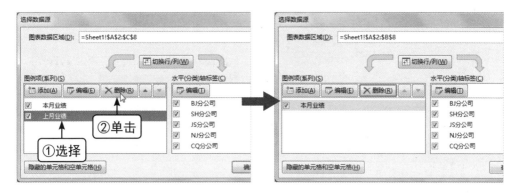

图 8-30

8.2.3　图表元素的设置

将数据分析结果以图表形式直观地展示出来是数据分析师必会的操作，但是要想真正地用图表清晰地传递分析结果信息，默认创建的图表中包含的元素还不足以很好地进行表达，这就需要对图表的组成元素进行适当的设置。一般而言，图表元素的设置主要包括添加标签、设置坐标轴格式和添加趋势线。

1. 在图表中添加标签

无论是一般的销售数据分析，还是企业运营效果的分析，对数据的准确性要求都非常高。在利用图表展现数据分析结果时，也要求尽量准确地体现数据的大小。

然而图表中的数据大小都是通过形状来反映的，要达到准确标识各个形状的大小，就必须添加数据标签，大多数图表在默认情况下是没有显示数据标签功能的，这就需要数据分析师手动添加。

其实，在 Excel 中为图表提供了很多的内置布局样式，这些样式中都有带数据标签的布局，用户在选择图表后，可以直接在"图表工具"的"设计"选项卡的"图表样式"选项组的列表框中选择所需这类布局样式为图表添加数据标签，如图 8-31 所示。

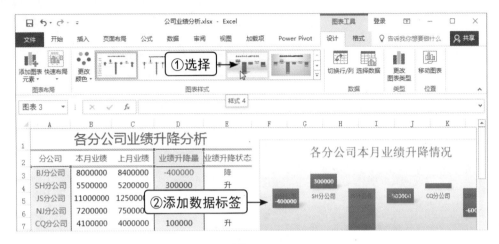

图 8-31

但是通过应用图表布局样式来添加数据标签会改变为图表设置好的效果，在不改变原本设置好的图表效果下，要为图表添加数据标签，可以采用以下几种方法实现。

(1) 选择图表，在"图表工具"的"设计"选项卡的"图表布局"选项组中单击"添加图表元素"下拉按钮，选择"数据标签"命令，在弹出的子菜单中选择"无"子命令以外的其他命令即可在数据系列的对应位置添加数据标签，如图 8-32 左图所示。

(2) 选择图表后，单击图表右上角的"图表元素"快速按钮，在展开的界面中直接单击"数据标签"复选框右侧的展开按钮▸，在弹出的子菜单中选择对应的数据标签位置命令即可在数据系列的相应位置添加数据标签，如图 8-32 中图所示。

(3) 在需要显示数据标签的数据系列或数据点上单击鼠标右键，选择快捷菜单中的"添加数据标签"命令，在弹出的子菜单中选择"添加数据标签"命令，如图 8-32 右图所示。

图 8-32

知识补充｜设置数据标签的显示选项

　　图表的数据标签不仅可以显示当前数据点的值，还可以根据需要设置其是否显示数据系列名称或当前分类名称，其操作方法是：选择需要设置显示选项的数据标签，按 Ctrl+1 组合键打开"设置数据标签格式"任务窗格，在"标签选项"选项卡的"标签包括"选项组中选中相应的复选框，如图 8-33 所示。

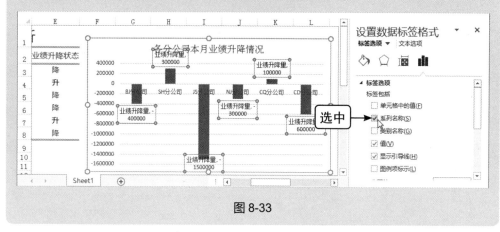

图 8-33

2. 设置图表的坐标轴格式

　　根据不同性质的数据创建的 Excel 图表，默认情况下数值坐标轴都是数字，这时不能够很好地反映我们的数据结果，图 8-34 所示为根据对一周的温度监测后得到的监测数据创建的图表。

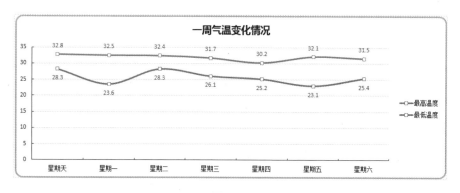

图 8-34

　　从图 8-34 中可以看到，温度数据以数字显示，如果不看图表标题，让人很难一目了然地联想是在分析温度变化。为了让图表中的数据与所分析数据的性质完全吻合，下面分别对图表的坐标轴进行设置。

1) 第一步：为坐标轴的数字添加"℃"单位

在图表的数值坐标轴上单击鼠标右键，在弹出的快捷菜单中选择"设置坐标轴格式"命令，在打开的"设置坐标轴格式"任务窗格中单击"数字"标签展开"数字"栏，在"格式代码"文本框的"G/通用格式"文本右侧直接输入"℃"文本，单击"添加"按钮，如图 8-35 所示。

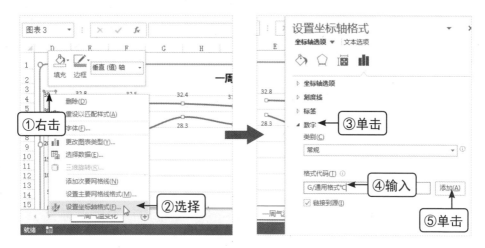

图 8-35

关闭任务窗格后，在返回的工作表中即可查看到图表的数值坐标轴刻度的每个刻度值都添加了单位，如图 8-36 所示。

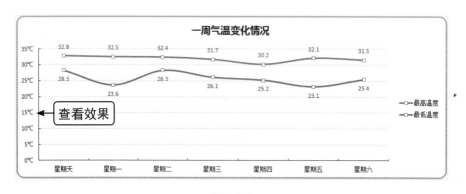

图 8-36

在操作过程中，除了通过在纵坐标轴标签上右击后选择快捷菜单中的"设置坐标轴格式"命令打开"设置坐标轴格式"任务窗格外，还可以选择纵坐标轴后，在"图表工具"的"布局"选项卡或"图表工具 格式"选项卡的"当前所选内容"选项组中单击"设置所选内容格式"按钮打开该任务窗格。

需要特别注意的是，Excel中的自定义格式仅对显示数字类型的数据有效，如数字、时间和日期等，对文本类型的数字是无效的，因此不可对只显示文本的坐标轴设置自定义格式，即使设置了自定义格式，也看不出任何效果。

2) 第二步：调整坐标轴的原点值和刻度值

这里监测的一周气温数据集中在 23 ~ 33℃ 之间变化，但是默认情况下，图表坐标轴的刻度是系统自动设置的，都是以 0 为原点开始，刻度值也是按系统自动设置的显示，此时整个图表偏图表的上方显示，横坐标轴上方空白很多，此时为了方便查看图表中的气温变化情况，可以自定义图表数值坐标轴的刻度。其具体操作如下。

再次打开"设置坐标轴格式"任务窗格，程序自动展开"坐标轴选项"栏，在"边界"组的"最小值"和"最大值"文本框中分别输入对应的数据可以调整坐标轴的原点数值和终点数值。在"单位"组的"主要"文本框中输入对应的数据可以调整坐标轴的刻度，如图 8-37 所示。完成设置后单击"关闭"按钮关闭任务窗格，在返回的工作表中即可查看到调整刻度后的图表效果。

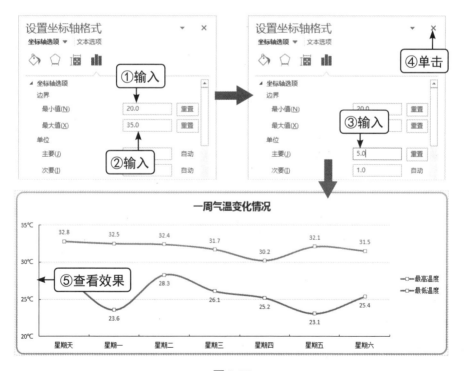

图 8-37

3. 在图表中应用趋势线

上一小节用折线图展示了一周气温的变化情况，对于最高温度和最低温度在一周中整体变化趋势是上升还是下降不是特别明显，这时就需要借助趋势线来进行查看。

趋势线是在图表中以线条的方式展示数据系列趋势的一种辅助线，在对数据进行分析时，它可以更加直观地显示数据变化的趋势。当趋势线向右上倾斜时表示增加或上涨趋势，当趋势线向右下倾斜时表示减少或下跌趋势。其添加方法如下。

选择数据系列，单击鼠标右键，在弹出的快捷菜单中选择"添加趋势线"命令，在打开的"设置趋势线格式"任务窗格中可以设置趋势线的类型，这里保持默认的"线性"类型，单击"关闭"按钮，如图 8-38 所示。

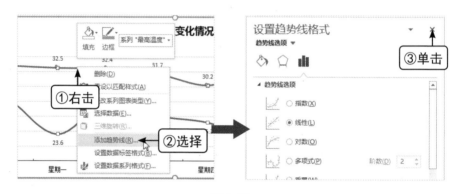

图 8-38

在返回的工作表中即可查看到添加的趋势线，用相同的方法为最低温度折线添加对应的趋势线，如图 8-39 所示。

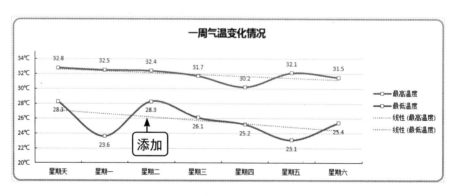

图 8-39

在 Excel 图表中选中需要添加趋势线的数据系列后，还可以通过以下两种方法添加趋势线。

(1) 在"图表工具"的"设计"选项卡的"图表布局"选项组中单击"添加图表元素"下拉按钮，选择"趋势线"命令，在弹出的子菜单中选择一种趋势线类型，如图 8-40 左图所示。

(2) 单击图表右上角的"图表元素"快速按钮，在展开的界面中直接单击"趋势线"复选框右侧的展开按钮，在弹出的子菜单中选择一种趋势线类型，如图 8-40 右图所示。

图 8-40

知识补充 | 趋势线在哪些图表中适用

需要注意的是，不是所有的图表类型都可以添加趋势线，其中支持趋势线的图表类型有柱形图、条形图、折线图、面积图、散点图、股价图和气泡图，不支持趋势线的图表类型有雷达图、饼图和圆环图，以及支持趋势线图表类型中的三维子类图表类型和支持趋势线图表类型中的堆积子类图表类型。

8.3 优化图表的技巧

在商业数据分析过程中，数据分析结果讲究直观和清晰，虽然用图表是很好的呈现方式，但默认设置都不是最理想的表达效果，只有将图表效果进行优化，才能最直接地传递信息。

8.3.1　用图片让数据分析呈现更形象

在 Excel 图表中，数据都是以各种扇形、矩形或者折线来表示的，外观枯燥单一。其实数据分析师可以通过对这些数据系列进行设置，从而让图表呈现的数据更形象。图 8-41 所示为两组图表效果。

 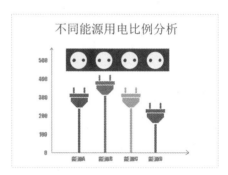

图 8-41

从图 8-41 可以看到，左图为条形图，右图为柱形图，通过用书籍图片或者电源插头图形来替换默认的矩形形状，让图表效果与主题信息更贴近。其实要达到这种效果，只需要用合适的图片来填充对应的数据系列即可完成，下面以用小汽车图片来替换柱形图中不同车型的销量情况为例讲解相关的操作方法。

在图表中两次单击第一个数据系列将其选择，单击"图表工具"的"格式"选项卡，在"形状样式"选项组中单击"形状填充"按钮右侧的下拉按钮，选择"图片"命令，如图 8-42 所示。

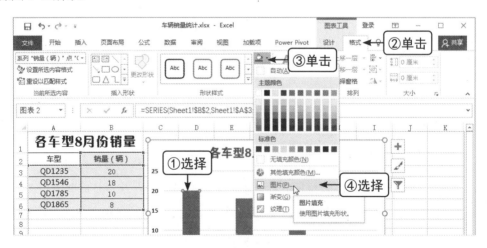

图 8-42

在打开的"插入图片"对话框中，单击"来自文件"栏中的"浏览"按钮，在打开的对话框中找到文件的保存位置，选择需要的图片，单击"插入"按钮，如图 8-43 所示。

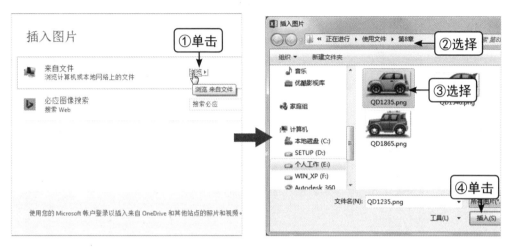

图 8-43

在返回的工作表中即可查看到为第一个数据系列设置的图片填充效果，但是图片被拉伸填充，产生了变形的效果，此时还需要对其填充方式进行更改。

直接在第一个数据系列上单击鼠标右键，在弹出的快捷菜单中选择"设置数据点格式"命令，弹出"设置数据点格式"任务窗格，在其中展开"填充"栏，并选中"层叠"单选按钮，如图 8-44 所示。

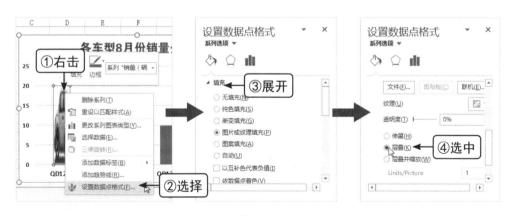

图 8-44

选择第二个数据系列，在"设置数据点格式"任务窗格中选中"图片或纹理填充"

单选按钮，单击"文件"按钮，程序同样会打开"插入图片"对话框，在其中选择需要的图片后，单击"插入"按钮可关闭对话框并为第二个数据系列以拉伸的方式填充图片，如图 8-45 所示。

图 8-45

将图片的填充方式设置为层叠，并为其他数据系列填充对应的图片，完成图表的编辑操作，如图 8-46 所示。从图 8-46 右图所示可以看到，每个数据系列都有对应的产品图片，每种产品的销量情况一目了然，而且形象、容易查看。

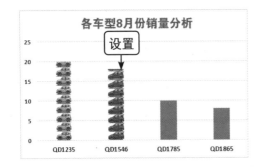
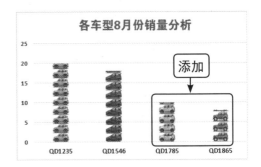

图 8-46

8.3.2 直观区分图表中的正负数

在商业数据分析中，数据的变化情况通常都是数据分析师分析的重点，尤其对于负数需要特别注意和重点分析，因为它是制定运营决策的重要参考信息。在图表中，无论是数据系列还是数据标签，对于正负数据的显示效果都是相同的，这样就很难直观地展示出数据变化情况中的增减量数据。

此时可以通过手动单独对负数的数据系列或者数据标签进行单独设置，从而让其与其他正数形成区别，但是手动设置的效果是不变的，而且如果数据比较多，手动设置麻烦，且容易出错，此时就需要寻求更智能的方法来自动进行效果设置，下面就来介绍两种常用的方法。

1. 以互补色快速区别正负数据

在 Excel 图表中，系统提供了以互补色快速区分正负数据的功能，在色彩理论中，如果两种色光以适当的比例混合而能产生白色感觉时，则这两种颜色就称为"互为补色"，补色并列时会引起强烈对比的色觉，会感到红的更红、绿的更绿。但是数据分析师并不是设计科班出身，因此这里在设置互补色时，只要能遵循两种颜色有强烈的对比效果即可。

例如，要在各分公司业绩升降情况表中，自动用颜色区分正负数据，可以通过以下操作来实现。

在图表中选择数据系列，单击鼠标右键，在弹出的快捷菜单中选择"设置数据系列格式"命令，在打开的"设置数据系列格式"任务窗格中选中"纯色填充"单选按钮，并选中"以互补色代表负值"复选框。程序自动激活两个颜色下拉按钮。单击左侧的颜色下拉按钮，在弹出的下拉菜单中选择"绿色"颜色选项，设置图表中所有正数的数据系列的填充颜色，如图 8-47 所示。

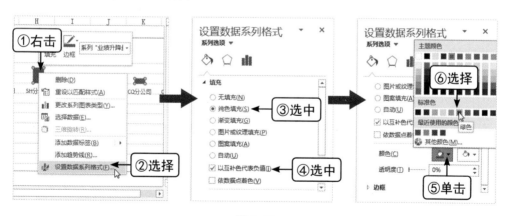

图 8-47

单击右侧的颜色下拉按钮，在弹出的下拉菜单中选择"红色"颜色选项设置图表中所有负数数据系列的填充颜色，关闭任务窗格，在返回的工作表中即可查看到图表中所有的正数和负数数据系列自动显示对应的填充颜色，如图 8-48 所示。

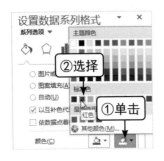
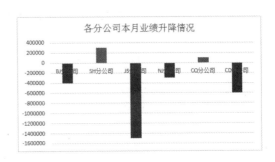

图 8-48

以这种互补色方式设置的正数和负数的数据系列填充颜色，程序会自动根据图表数据源中的数值变化而自动变化，即当图表数据源中的正数变为负数后，对应的数据系列的颜色也将从绿色变为红色；反之，当图表数据源中的负数变为正数后，对应的数据系列的颜色也将从红色变为绿色。

2. 让负数数字以特定颜色显示

图 8-49 所示为利用折线图来呈现公司上半年的业绩变化情况，通过图中的数据可以看到，从 1 月份开始，每个月的业绩逐月上涨，但是需要注意的是，前 3 个月的业绩是亏损情况，从 4 月份开始才真正开始上涨。因此，在图表中如果能将正数和负数区别开来，对于真正上涨的部分将更加明显。

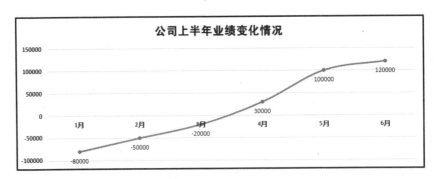

图 8-49

但是在 Excel 中，折线图是不具有互补色功能的，因此要让负数与正数区别开来，此时可以通过设置负数的数据标签的字体格式来达到这一效果，其具体操作如下。

选择数据标签，单击鼠标右键，在弹出的快捷菜单中选择"设置数据标签格式"命令，在打开的"设置数据标签格式"任务窗格中展开"数字"选项卡，在"类别"下拉列表框中选择"自定义"选项，在"格式代码"文本框中输入"[红色][<0]-0;[黑色][>0]0;0"格式代码 (其含义是将负数数据用红色字体颜色显示，正数数据用黑色字体颜色显示)，单击"添加"按钮添加该格式代码，完成后单击"关闭"按钮关闭任务窗格，如图 8-50 所示。

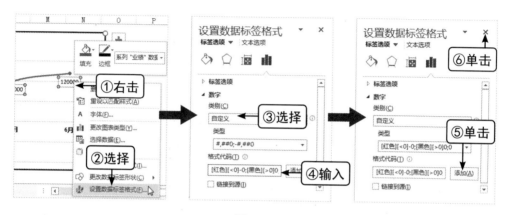

图 8-50

在返回的工作表中即可查看到，图表中 1—3 月的数据标签的字体颜色自动变成了红色，如图 8-51 所示。从此时的图表中就可以很明显地看到，虽然整个业绩变化是整体上升的，但是前 3 个月是亏损逐渐减少，在 4 月份以后才是真正的上涨。

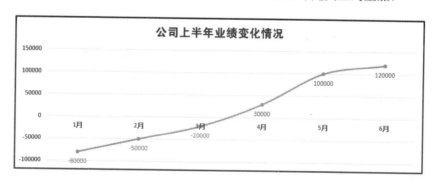

图 8-51

8.3.3　断裂折线图的处理方法

分析图表呈现数据关系时，每个分类坐标轴上的项目都会对应一个数据，如果某个分类上没有数据，如按日期记录了店铺最近的销售额情况，但是遇到节假日或其他原因，当日没有营业，因此没有数据，此时用折线图分析销量变化走势，图表将出现断裂的情况，如图 8-52 所示。

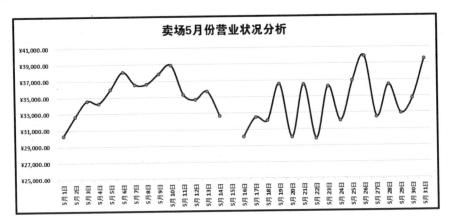

图 8-52

为了让图表更连续，从而方便数据分析，就需要将断裂的折线图连起来，其具体操作如下。

选择图表中的数据系列，在其上单击鼠标右键，在弹出的快捷菜单中选择"选择数据"命令，在打开的"选择数据源"对话框中单击右下角的"隐藏的单元格和空单元格"按钮，打开"隐藏和空单元格设置"对话框，在其中选中"用直线连接数据点"单选按钮，单击"确定"按钮，如图 8-53 所示。

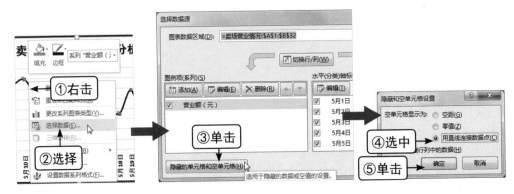

图 8-53

在返回的"选择数据源"对话框中单击"确定"按钮，在返回的对话框中即可查看到断裂的折线图变成了连续的折线图，如图 8-54 所示。

这里选择用直线连接数据点是指在数据系列上直接忽略空值（坐标轴上会继续显示），断裂前后的数据用直线连接起来。也可以选中"零值"单选按钮来处理断裂的折线图，这种方式是将图表中的空白数据在图表中以零值显示，但是这种方式处理的断裂折线图效果没有用直线连接数据点处理的效果好。

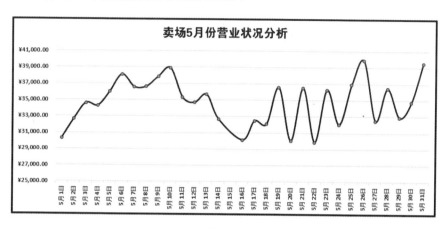

图 8-54

8.3.4 自动显示图表中的最值数据

最值问题是普遍的应用类问题，主要解决有"最"字描述的问题，它也是数据中的重点分析数据。例如，在销量数据中，通过发现最值销量，可以分析当日销量出现最值可能是由哪些因素导致的，从而为后续的营销计划和营销方式提供数据基础。

在图表中，单独对最值数据系列或者数据标签进行突出格式设置可以达到突出显示最值的目的，但是这种通过手动设置最值数据点的格式来突出最值数据的方式效率低，而且容易出错。并且当图表数据源的最值数据发生变化后，在图表中设置的突出显示最值数据格式不能动态变化。

其实，在 Excel 中，可以结合最值函数在辅助列中求出最值数据，让其最值数据单独形成一个数据系列，从而达到突出显示数据的目的。

下面就通过卖场营业状况分析图表中突出显示最大销售额和最小销售额为例，讲解自动显示图表中的最终数据的相关操作。

在图表数据源的右侧添加两列辅助列，分别是最大值列和最小值列，选择最大值列中的数据单元格区域，这里选择 C2:C32 单元格区域，在编辑栏中输入寻找营业额列中的最大营业额数据的公式"=IF(B2=MAX($B$2:$B$32),B2,NA())"，按 Ctrl+Enter 组合键即可寻找出最大营业额，如图 8-55 所示。

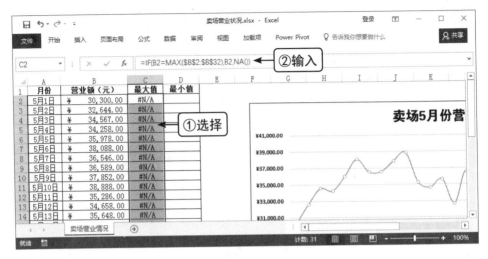

图 8-55

这里的"=IF(B2=MAX($B$2:$B$32),B2,NA())"公式中，首先用MAX()函数返回B2:B32单元格区域中的最大值，让当前单元格B2与最大值进行匹配，匹配成功则C2单元格中显示最大值；否则就显示错误值#N/A，这个值在图表中是不显示的。在这里也可以将匹配不成功时显示为空值也可以达到相同效果，则公式可以换为"=IF(B2=MAX($B$2:$B$32),B2,"")"。

确定最大营业额数据后，选择最小值列中的数据单元格区域，这里选择D2:D32单元格区域，在编辑栏中输入寻找营业额列中的最小营业额数据的公式"=IF(B2=MIN($B$2:$B$32),B2,NA())"，按Ctrl+Enter组合键即可寻找出最小营业额，如图8-56所示。

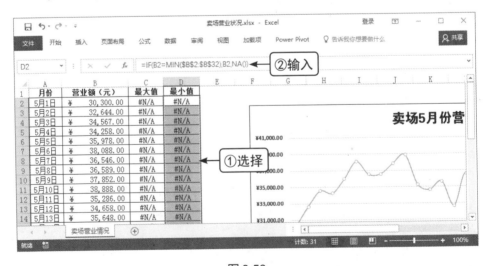

图 8-56

选择添加的两列辅助列，即选择 C1:D32 单元格区域，按 Ctrl+C 组合键执行复制操作，选择图表，按 Ctrl+V 组合键执行粘贴操作，将辅助列中的数据添加到图表中，由于辅助列中只有两个最值数据，因此只显示两个最值数据点，而这两个数据点分别代表另外两个数据系列，因此显示的颜色与营业额数据系列的颜色不同，从而达到突出显示的目的，如图 8-57 所示。

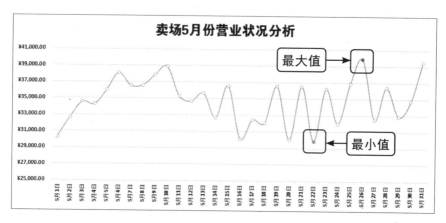

图 8-57

此时，如果数据源中的最大值发生了变化，为了演示效果，这里将 B2 单元格的值设置为最大值 40000，此时在最大值列中公式将重新获取并判断出 B2 为最大营业额数据，此时程序也将自动把折线图中的第一个数据点的颜色设置为突出显示的颜色，如图 8-58 所示。

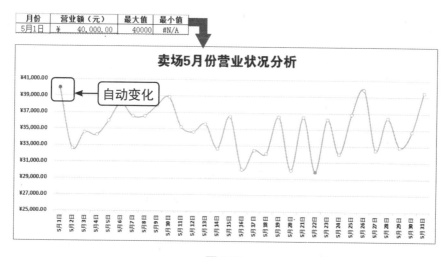

图 8-58

数据分析中的特殊图表制作

在 Excel 中提供的图表类型虽然能对大部分的数据分析结果进行展示，但是对于一些特殊要求或呈现方式的数据而言，还不够智能，这里介绍几个数据分析中的常见特殊图表的制作方法。

8.4.1　制作甘特图

甘特图也称为横道图或条状图，该图表内在思想简单，基本是一条线条图，其横轴表示时间，纵轴表示活动 (项目)，线条表示在整个期间内计划和实际的活动完成情况。它直观地表明任务计划在什么时候进行，以及实际进展与计划要求的对比。图 8-59 所示为一个项目的任务计划表，现在需要将该计划表制作成甘特图，从而直观地显示整个项目的进展情况。

	计划开始日期	天数	计划结束日期
项目确定	5月8日	5	5月13日
问卷设计	5月12日	3	5月15日
试访	5月13日	3	5月16日
问卷确定	5月15日	1	5月16日
实地执行	5月16日	10	5月26日
数据录入	5月26日	5	5月31日
数据分析	5月30日	3	6月2日
报告提交	6月2日	6	6月8日

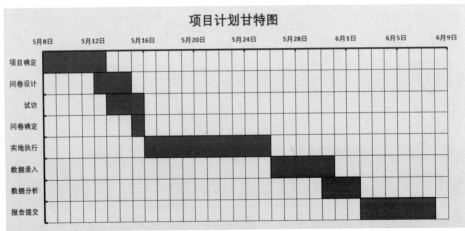

图 8-59

下面就来具体介绍制作甘特图的详细操作过程。

选择需要创建图表的数据源，这里选择 A1:C9 单元格区域，单击"插入"选项卡，在"图表"选项组中单击"插入柱形图或条形图"下拉按钮，在弹出的下拉菜单中选择"堆积条形图"命令，如图 8-60 所示。

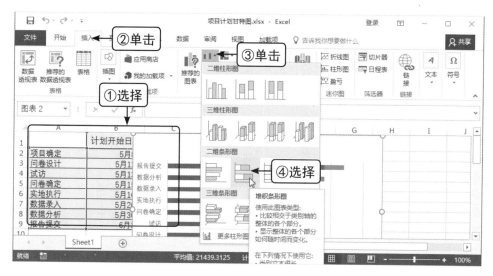

图 8-60

程序自动创建一个堆积效果的条形图，在图表下方选择图例，按 Delete 键删除该元素，如图 8-61 左图所示，双击图表标题占位符定位文本插入点，删除默认的文字，将其修改为"项目计划甘特图"，如图 8-61 右图所示。

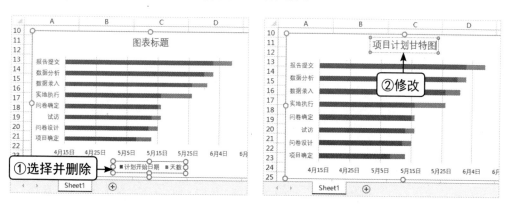

图 8-61

选择图表，单击"图表工具"的"格式"选项卡，在"大小"选项组中分别调整图表的高度和宽度为 10.8 厘米和 23 厘米，如图 8-62 左图所示，选择图表左侧的分类坐标轴，在其上单击鼠标右键，在弹出的快捷菜单中选择"设置坐标轴格式"命令（也可以直接双击分类坐标轴对象来打开"设置坐标轴格式"任务窗格），如图 8-62 右图所示。

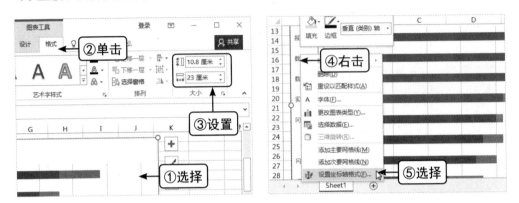

图 8-62

在打开的"设置坐标轴格式"任务窗格中程序自动切换到"坐标轴选项"栏中，选中"逆序类别"复选框把图表整个上下调整，如图 8-63 左图所示；展开"刻度线"栏，单击"主要类型"下拉列表框右侧的下拉按钮，选择"内部"选项为坐标轴添加刻度线，如图 8-63 中图所示；单击"填充"按钮，展开"线条"栏，如图 8-63 右图所示。

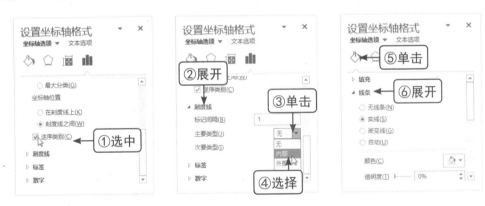

图 8-63

单击"颜色"下拉按钮，在弹出的下拉菜单中选择"黑色，文字 1"命令更改刻度线的颜色，在"宽度"数值框中连续单击向上调节按钮将宽度值设置为 2 磅，如图 8-64 左图所示。然后直接在图表中选择日期坐标轴，在"设置坐标轴格式"任务窗格中设置该坐标轴的刻度线格式，如图 8-64 右图所示。

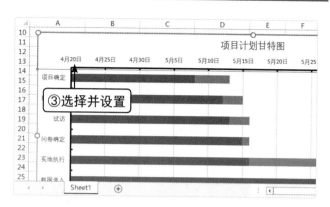

图 8-64

在图表中选择计划开始日期数据系列，在"设置数据系列格式"任务窗格中单击"填充"按钮，展开"填充"栏，在其中选中"无填充"单选按钮，取消数据系列对应的填充色；选择天数数据系列，选中"纯色填充"单选按钮，并设置对应的填充色为"红色"，如图 8-65 所示。

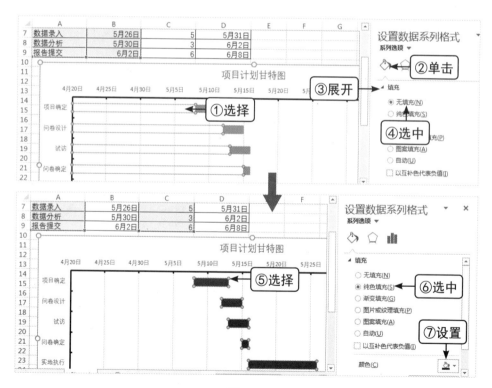

图 8-65

在"边框"栏中选中"实线"单选按钮，在"宽度"数值框中设置数据系列形状

的边框宽度为 1.25 磅，单击"系列选项"按钮，向左拖动"分类间距"滑块到起始位置，
如图 8-66 所示。

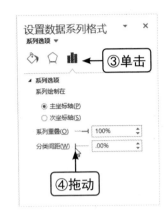

图 8-66

选择 B2 单元格，单击"开始"选项卡的"数字"选项组中的下拉列表框右侧的下
拉按钮，在弹出的下拉列表中查看该计划开始日期对应的数字，这里的 2017 年 5 月 8
日这个日期数据对应的数字为 42863，用相同的方法查看结束日期 2017 年 6 月 8 日对
应的数字为 42894，如图 8-67 左图所示。

选择日期坐标轴，在"设置坐标轴格式"任务窗格的"坐标轴选项"栏中设置最
小值为"42863"（代表 2017 年 5 月 8 日），最大值为"42895"（代表 2017 年 6 月 9 日），
主要单位为"4"，次要单位为"1"，如图 8-67 右图所示。

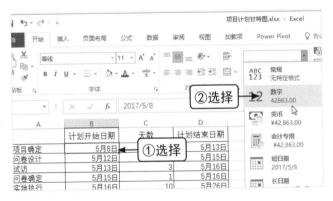

图 8-67

选择图表，单击右上角的"图表元素"按钮，在展开的面板中单击"网格线"复
选框右侧的"展开"按钮▶，选中"主轴主要水平网格线"和"主轴次要垂直网格线"

复选框，如图 8-68 左图所示。

在图表中选择主要网格线，在"设置主要网格线格式"任务窗格中选中"实线"单选按钮，单击"短划线类型"下拉按钮，选择"方点"选项更改主要网格线的格式，如图 8-68 右图所示。

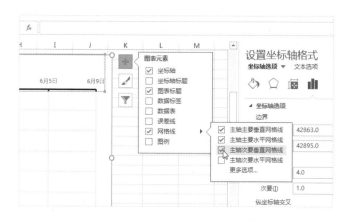

图 8-68

用相同的方法为主轴主要水平网格线和主轴次要垂直网格线设置相同的格式，并关闭对应的设置格式任务窗格。

在返回的图表中分别设置图表标题、横坐标轴和纵坐标轴的字体格式，然后选择图表，单击"图表工具"的"格式"选项卡，在"形状样式"选项组中单击"形状填充"下拉按钮，在弹出的下拉菜单中选择一种颜色为图表设置背景色，完成项目计划甘特图的所有制作过程，如图 8-69 所示。

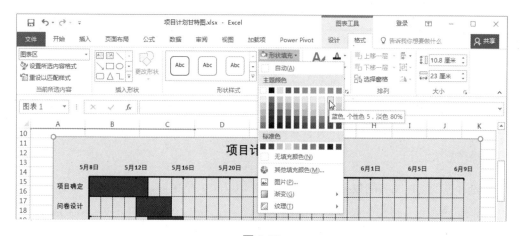

图 8-69

8.4.2 制作对称条形图

对称条形图也称为成对条形图或者旋风图，该图表的特点是两组条形图的数据条沿中间的纵轴分别朝左、右两个方向伸展，这类图表常用于对比两类事物在不同特征项目的数据情况。例如，分别对 A、B 两个地区的工资收入情况进行抽样调查，每个地区做了 800 份调查问卷，将这 1600 份调查问卷的数据整理后做成如图 8-70 所示的对称条形图效果。

收入＼地区	A地区	B地区
1500元以下	140	120
1501~3000元	150	130
3001~5000元	190	145
5001~8000元	120	160
8001~10000元	105	135
10000元以上	95	110

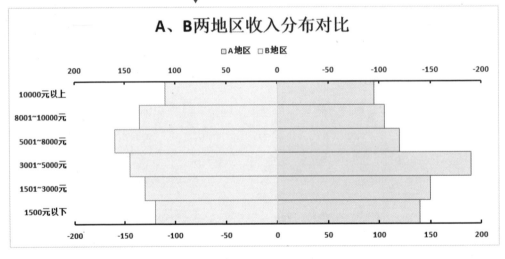

图 8-70

对称条形图的制作思路是通过把两个数据系列分别置于主坐标轴和次坐标轴，然后对其中一个坐标轴逆序显示，并且对称地设置主次坐标轴的最大值和最小值即可，其具体操作方法如下。

选择需要创建图表的数据源，这里选择 A1:C7 单元格区域，单击"插入"选项卡，在"图表"选项组中单击"插入柱形图或条形图"下拉按钮，在弹出的下拉菜单中选择"簇状条形图"命令，如图 8-71 左图所示。

修改图表的标题为"A、B两地区收入分布对比"，单击"图表工具"的"格式"选项卡，在"大小"选项组中精确设置图表的高度和宽度分别为9.5厘米和20厘米，如图8-71右图所示。

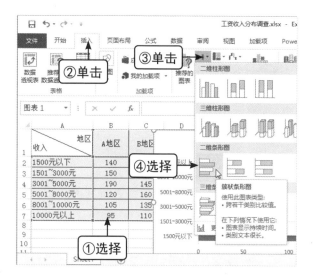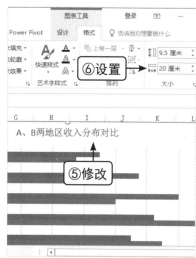

图 8-71

选择横坐标轴，单击鼠标右键，在弹出的快捷菜单中选择"设置坐标轴格式"命令，如图8-72左图所示。

在打开的"设置坐标轴格式"任务窗格中设置坐标轴的最小值和最大值分别为 -200和 200，如图8-72中图所示。

选择 B 地区的数据系列，在"设置数据系列格式"任务窗格中选中"次坐标轴"单选按钮，拖动"分类间距"滑块取消间距，如图8-72右图所示。

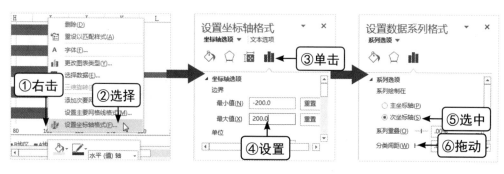

图 8-72

单击"坐标轴选项"按钮，设置次要坐标轴的最小值和最大值分别为 -200和

200，如图 8-73 左图所示；选中"逆序刻度值"复选框，如图 8-73 中图所示；展开"刻度线"栏，在"主要类型"下拉列表框中选择"内部"选项，如图 8-73 右图所示。

图 8-73

分别设置主要坐标轴和次要坐标轴的刻度线位置和效果，并将 A 地区的数据系列之间的分类间隙取消，选择纵坐标轴，展开"标签"栏，在"标签位置"下拉列表框中选择"低"选项，将纵坐标轴移动到图表的最右侧，如图 8-74 所示。最后单击"设置坐标轴格式"任务窗格右上角的"关闭"按钮关闭该任务窗格。

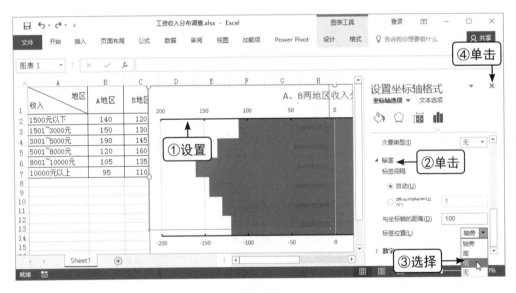

图 8-74

在返回的工作表中选择图表，单击其右上角的"图表元素"按钮，在展开的面板中取消选中"网格线"复选框，取消图表中的网格线显示效果，如图 8-75 左图所示。

保持图表元素面板的展开效果，将鼠标指针移动到"图例"复选框选项上，单击其右侧的"展开"按钮，在弹出的子菜单中选择"顶部"命令更改图例的显示位置，如图 8-75 右图所示。

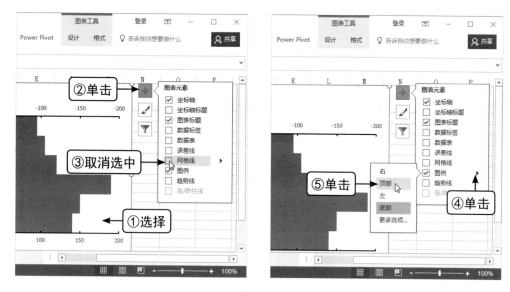

图 8-75

选择纵坐标轴，单击"开始"选项卡，在"字体"选项组中设置文本的字号、加粗格式和字体颜色，用相同的方法设置主要坐标轴、次要坐标轴和图表标题的文本字体格式，如图 8-76 所示。

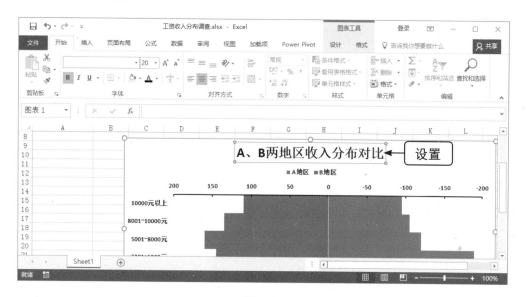

图 8-76

选择 B 地区的数据系列，单击"图表工具"的"格式"选项卡，在"形状样式"选项组中单击"形状填充"按钮右侧的下拉按钮，在弹出的下拉菜单中选择"白色，背景 1，深色 5%"命令更改数据系列的填充颜色，如图 8-77 左图所示。

保持数据系列的选择状态，单击"形状轮廓"按钮右侧的下拉按钮，在弹出的下拉菜单中选择"白色，背景 1，深色 50%"命令更改数据系列的轮廓颜色，如图 8-77 右图所示。用相同的方法为 A 地区数据系列设置相应的填充颜色和轮廓效果，完成整个对称条形图的制作操作。

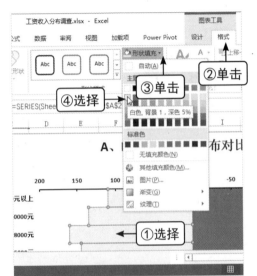 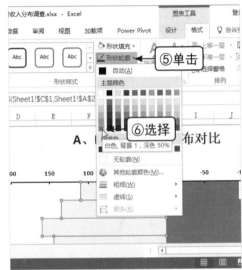

图 8-77

第 9 章
更专业地用图表展示数据

 **本章要点**

◆ 在图表下方添加数据来源
◆ 处理图表中的冗余数据
◆ 使用脚注添加说明
◆ 将数据大的图形截断展示
◆ 处理数值坐标轴中的符号
◆ 图表各组成部分的文字使用要协调

◆ 不要为了好看而让图表变得花哨
◆ 关键数据要突出显示出来
◆ 慎用三维立体效果
◆ 柱形图的分类和数据系列不要太多
◆ 分类标签多而长首选条形图
◆ ……

学习目标

图表作为图形化呈现数据的重要手段，除了要正确使用以外，还要注意图表的外观设计效果，本节将具体从制作规范的角度来讲解图表的制作，让别人透过制作的图表看见你的专业和能力，并增强数据的说服力。

知识要点	学习时间	学习难度
根据需要处理细节数据	**50**分钟	★★★★
图表的美化原则	**50**分钟	★★★★
常见图表类型的规范制作要求	**30**分钟	★★★

根据需要处理细节数据

俗话说"细节决定成败"。在商业数据分析过程中，一个在细节上处理完美的图表，更能突显数据分析师对图表制作的专注性，也会让图表看起来更具有专业水准，使数据结果显得更具真实性和权威性。

9.1.1　在图表下方添加数据来源

如图 9-1 所示，其中直观展示了某公司 2016 年各月累计的主营业务收入和利润总额的同比增速，但是这组看似权威的数据绘制到图表中后，在图表下方没有添加数据来源说明，该图表展示的数据就显得无从考证，可信度极低。

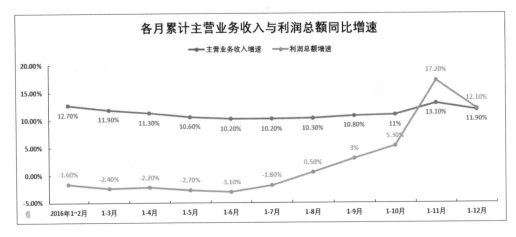

图 9-1

任何图表的数据都有它的来源，而在图表中添加数据来源是大多数人在制作图表的过程中都可能忽略的一个细节。一个简单的文本框加上几个简单的文字，就可以让整个图表的数据可信度大大提高，这也是体现图表专业性的最简单方法。

如果要为图表添加数据来源，需要选择图表的绘图区，此时在绘图区的四周将出现控制点，选择绘图区下方中间的控制点，按住鼠标左键不放向上拖动鼠标减小绘图区的高度，在图表下方预留更多的空白位置，用于添加数据来源，如图 9-2 所示。

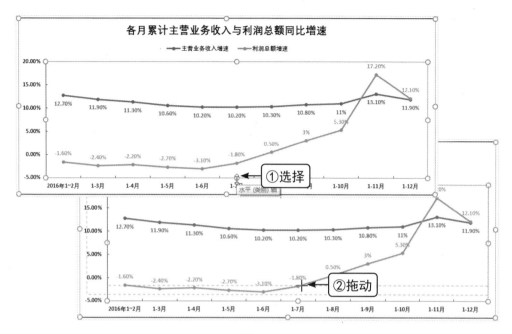

图 9-2

　　单击"插入"选项卡，在"插图"选项组中单击"形状"下拉按钮，选择"文本框"选项，拖动鼠标在图表横坐标轴下方绘制一个文本框，并在其中输入"数据来源：财务部"文本，如图 9-3 所示。

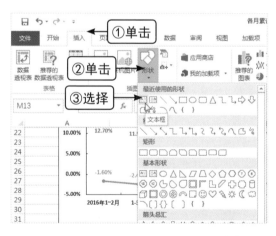
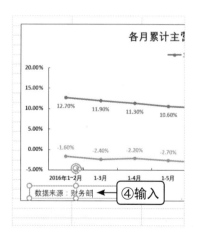

图 9-3

　　选择数据来源文本框，单击"绘图工具"的"格式"选项卡，在"形状样式"选项组中单击"形状轮廓"按钮右侧的下拉按钮，在弹出的下拉菜单中选择"无轮廓"命令取消文本框的轮廓效果（这里的图表背景效果为白色，因此这里没有对数据来源文本框的填充格式进行设置，如果图表有其他背景效果，此时就需要将数据来源文本框的填充设置为"无填充"），如图9-4左图所示。

选择数据来源文本框和图表，单击鼠标右键，在弹出的快捷菜单中选择"组合"命令，在弹出的子菜单中选择"组合"子命令将文本框和图表组合在一起，如图9-4右图所示。

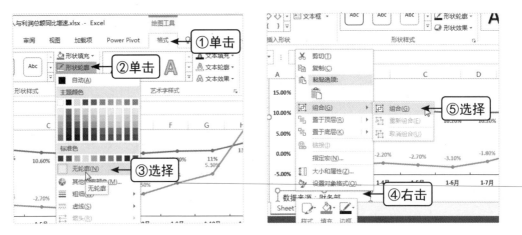

图 9-4

图9-5所示为添加数据来源后的图表效果，与图9-1进行对比，可以发现添加数据来源文本后，整个图表的数据真实性被迅速提升，图表中呈现出来的数据也给人一种有理有据的真实感觉。

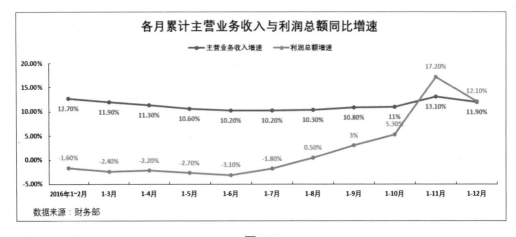

图 9-5

9.1.2　处理图表中的冗余数据

如图 9-6 所示，在图表中，分类坐标轴出现了大量的冗余数据"2015 年"和"2016 年"，使得整个图表的分类坐标轴自动倾斜显示或者显示不完整，这就在一定程度上影响了阅读。

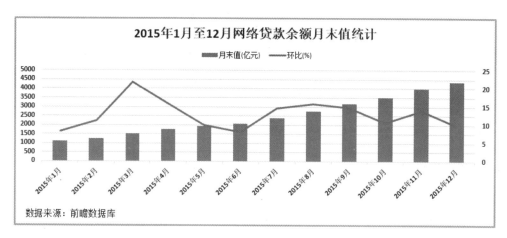

图 9-6

为了简化图表界面的显示效果，让图表数据清晰可见，此时可以使用英文状态下的单引号"'"来替代部分重复的数据，但是需要注意的是，第一个坐标轴的名称需要完整书写，这样他人才能明白单引号所替代的内容是什么。例如，在图 9-6 中的分类坐标名称用单引号替代重复数据后的内容显示如图 9-7 所示。

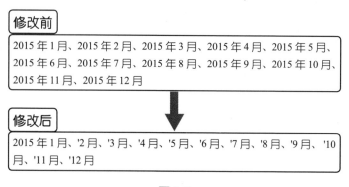

图 9-7

要让这个简化的分类名称显示到图表中的方法非常简单，只需要将图表数据源对应的年份数据进行修改即可。

由于统计时间是以日期格式显示的，此时直接在单元格中输入"2月"数据，单元格将显示为"2月"，此时只能输入"'2月"，单元格才会显示"'2月"，其中第一个单引号"'"的作用是将输入的内容转化为文本显示，第二个单引号才是要显示的字符，如图9-8所示，在A3单元格中输入"'2月"文本，按Ctrl+Enter组合键确认输入并选择该单元格，拖动该单元格的控制柄填充其他统计时间数据。

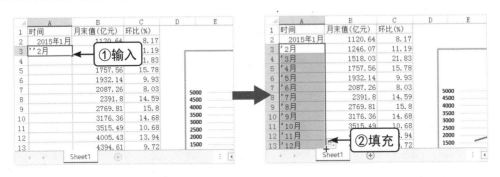

图9-8

图9-9所示为删除分类名称冗余内容后的显示效果，从中可以看到这个图表显示效果更加清晰，每个分类名称准确对应到各个数据系列形状的正下方。

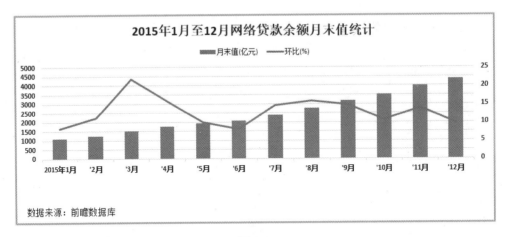

图9-9

需要注意的是，如果在一个图表中存在多个冗余数据，则在下个冗余数据的第一个位置需要完全显示整个内容。例如，在图9-9中，如果统计的时间为2015年1月至2016年6月，则存在两个冗余数据，分别是"2015年"和"2016年"，在简化冗余数据时，在下一个年份开始的位置，即"2016年1月"这个分类名称需要完整显示，如图9-10所示。

修改前

2015 年 1 月、2015 年 2 月、2015 年 3 月、2015 年 4 月、2015 年 5 月、2015 年 6 月、
2015 年 7 月、2015 年 8 月、2015 年 9 月、2015 年 10 月、2015 年 11 月、2015 年 12 月、
2016 年 1 月、2015 年 2 月、2015 年 3 月、2015 年 4 月、2015 年 5 月、2015 年 6 月

修改后

2015 年 1 月、'2 月、'3 月、'4 月、'5 月、'6 月、'7 月、'8 月、'9 月、'10 月、'11 月、'12
月、2016 年 1 月、'2 月、'3 月、'4 月、'5 月、'6 月

图 9-10

9.1.3　使用脚注添加说明

脚注是对图表中特殊内容进行说明的文字，脚注有两种情况，一种是针对具体数据点的脚注，另一种是针对图表的脚注。

1. 针对具体数据点的脚注

针对具体数据点的脚注是指对图表中的某个具体的内容进行说明。这种情况通常出现在某个数据点的数据没有按照规律变化时，图 9-11 所示为某游戏公司 2008—2017 年用户保有量统计，从图表中可以看到，前 6 年的用户持续增长，在 2016 年突然减少，这一数据打破了整个增长趋势，因此通过添加脚注的形式在图表下方对造成这一数据降低的原因进行说明，这在无形之中更显得图表制作者的专注性和图表的专业性。

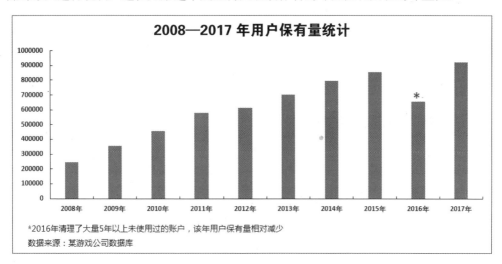

图 9-11

需要注意的是，在对这种单个数据点进行说明时，为了让阅读者能够准确对应脚注信息具体对应图表中的数据点，需要在图表中使用"*"符号对指定的数据点进行标识，然后在脚注信息前面也添加"*"符号。

2. 针对图表的脚注

针对图表的脚注通常情况下是直观展示图表制作者根据数据分析结果得到的结论说明，图 9-12 所展示的是某公司开发的产品 A 近几年的利润趋势分析，通过图表反映出来的信息可以知道，该产品的利润总体保持良好的上涨趋势，因此可以得到结论：该产品是今后重点开发的产品。

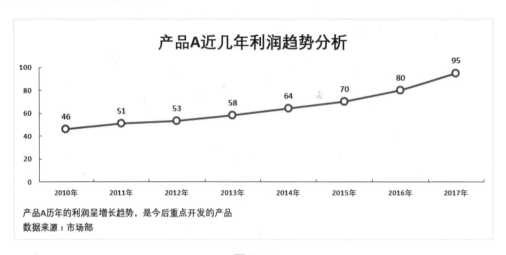

图 9-12

如果没有脚注信息，仅从图表上看，阅读者只能得到利润逐年上涨的结论，而对于重点研发该产品的这个结论很难直观地传递给阅读者。因此，当图表中的数据不能更好地展现自己的结论时，添加对应的脚注信息就显得非常必要。

9.1.4 将数据大的图形截断展示

在第 8 章中介绍了调整坐标轴的原点值，通过自定义坐标轴刻度的最小值让坐标轴的原点可以从非零开始。

其实，非零起点的数值坐标轴在比较正式的商务活动交流或演示场合下是不规范的，也是不专业的。尤其在条形图和柱形图中，会让阅读者产生误解，图 9-13 给人以错觉，就是 0 ～ 300000 区间无数据。

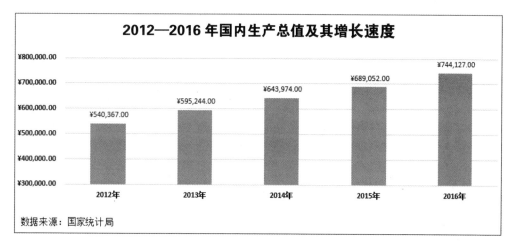

图 9-13

如果你一定要在正式的场合下使用非零起点处理图表坐标轴，一定要记得使用形状辅助操作来截断坐标轴，将坐标轴起点标记为 0，其具体操作如下。

分别绘制两个文本框，分别输入"~"符号和"0"，并将其字体格式设置为和数值坐标轴的字体格式一样，分别取消文本框的轮廓效果，将"~"符号的文本框旋转 90°，然后将两个文本框放置在图表坐标轴起点的适当位置，其设置后的效果如图 9-14 所示。

图 9-14

此外还需要注意一点，如果数据图表的图表区或绘图区中设置了其他颜色效果，此时还需要将"~"符号和"0"文本框的填充色设置为与背景效果相同的填充色。

9.1.5 处理数值坐标轴中的符号

在数据图表中，如果数据源的数值带有某些特殊的符号，如百分比符号 (%)、千分比符号 (‰) 和美元符号 ($) 等其他货币符号，而每个符号都在坐标轴刻度上显示出来，会使图表看起来比较臃肿，如图 9-15 所示。在数据源中分别为国内生产总值添加 "¥" 符号，为增长速度数据添加 "%" 符号。

年份	国内生产总值	比上年增长
2012年	¥ 540,367.00	7.90%
2013年	¥ 595,244.00	7.80%
2014年	¥ 643,974.00	7.30%
2015年	¥ 689,052.00	6.90%
2016年	¥ 744,127.00	6.70%

2012—2016 年国内生产总值及其增长速度

数据来源：国家统计局

图 9-15

此时可以在数值坐标轴的最上面 (条形图在最右侧) 的刻度上显示这个符号，而在其他刻度上省略这些符号，让图表更简洁、更方便阅读。要达到这种效果，可以通过以下两种方法来实现。

1. 通过自定义坐标轴处理符号的显示

通过自定义坐标轴处理符号的显示主要是利用自定义数字的显示格式来实现的，从而达到让图表界面更简洁的效果。例如，要将国内生产总值对应的数值坐标轴设置为只有最大刻度值 "800000" 的左侧显示 "¥" 符号，其具体的操作方法如下。

双击数值坐标轴打开 "设置坐标轴格式" 任务窗格，展开 "数字" 栏，在 "格式代码" 文本框中输入 "[=800000]¥0;0" 代码，单击 "添加" 按钮，并单击任务窗格右上角的 "关闭"按钮关闭该任务窗格，如图9-16所示。

图 9-16

在返回的工作表中即可查看到图表的主要数值坐标轴中只有最大的刻度值有"¥"符号，如图9-17所示。但是需要注意的是，这里是固定将值为"800000"的数据左侧添加"¥"符号，如果图表中的最大刻度变为其他数据，则"¥"符号不会自动添加到新的最大刻度值上。

图 9-17

2. 使用文本框处理坐标轴的符号显示

使用文本框处理坐标轴的符号显示是指将生成图表的数据源中数值的符号全部删除，然后使用文本框中添加字符的方式在图表中的数值坐标轴的最上面添加相应的符号，如图 9-18 所示。

年份	国内生产总值	比上年增长（%）
2012年	¥ 540,367.00	7.90
2013年	¥ 595,244.00	7.90
2014年	¥ 643,974.00	7.30
2015年	¥ 689,052.00	6.90
2016年	¥ 744,127.00	6.70

图 9-18

需要注意的是，利用这种方法处理坐标轴的符号显示，虽然图表数据源中所有的增长率都是小数，但是为了让数据表达完整，需要在表头中添加"%"，即这里的"比上年增长"表头要变为"比上年增长 (%)"。

图表的美化原则

懂设计是数据分析师必备的技能，那么设计在什么地方体现呢？图表的美化就是最常见的设计应用。通过美化图表可以让数据分析结果表现得更直观，也能间接反映数据分析师的专业性。

9.2.1　图表各组成部分的文字使用要协调

文字是图表的一大重要组成部分，没有文字的描述，图表就不能很好地传达其实际想要展示的信息，必要的文字说明是一个专业图表不可或缺的组成部分，而文字的使用主要在于字体和字号使用上的讲究。

1. 图表中的字体使用

Windows 系统中不同的字体具有不同的外观效果，在图表中使用什么样的字体，应考虑图表在展示给受众时所使用的介质。例如，要将图表打印出来制成印刷品，则首选衬线字体，如"宋体 +Times New Roman"的组合，如图 9-19 所示。

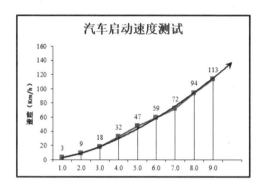
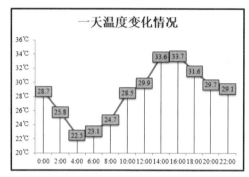

图 9-19

"宋体 +Times New Roman"的组合在内容的展示上具有严谨性，也是大众最常见且最容易接受的字体组合，但此类字体在屏幕显示时如果缩放比例不同，文字可能出现锯齿而变得模糊，因此更适用于需要打印输出的作品。

如果图表仅在电子文档中进行演示，并不需要输出为印刷品，则字体也可选择"黑体 +Arial"的组合，如图 9-20 所示。

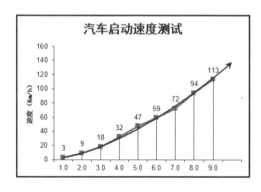
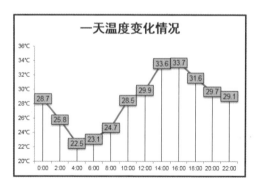

图 9-20

"黑体 +Arial"的组合相对来说更庄重一些，文字的显示效果更正规。此类字体在屏幕显示上通常不会受缩放比例的影响而变得不清晰，因此更适用于仅用在电脑上展示而不需要输出为印刷品的图表。

无论是前面的哪种组合形式，整体选用的都是端庄、正规且严谨的字体，因为图表本身就是商务活动中专业性很强的一种表达手法，切忌为了追求独特而选择一些个性化效果的字体，这样反而会弄巧成拙，给人以幼稚的感觉，如图 9-21 所示。

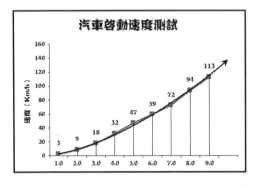 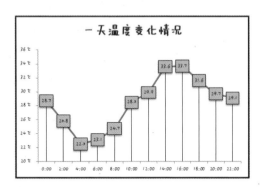

图 9-21

2. 图表中的字号要分层次

字号是控制文字大小的参数，专业的图表不仅要求字体使用要讲究，对字号的设置也必须要有一定的规范，如果整个图表中文字字号没有层次，受众就很难抓住图表的主要信息。如图 9-22 所示，图表标题、脚注信息、数据来源信息和坐标轴文本都是统一的字号大小，整个图表显得很难抓住主要信息。

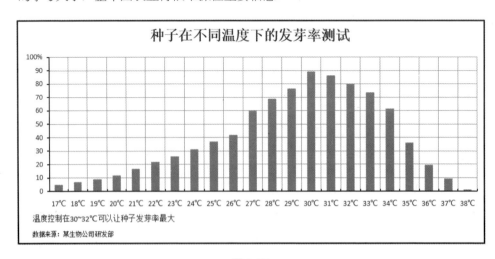

图 9-22

通常情况下，能代表图表中心思想或需要突出显示的内容，可以设置较大的字号，而其他辅助性的说明文字需要使用较小的字号，这样可以使图表层次分明，受众也能很快从图中找到图表要表达的中心思想。

如图 9-23 所示，标题居于图表的领导地位，其字号应最大；为了更好地查看图表数据，坐标轴的文本不能太小；脚注信息作为图表的说明文本，在这里也是很重要的，因此其字号可以设置与坐标轴文本一样大；对于数据来源文本，其作用仅仅是增强图表的可信度，相比而言作用最小，因此可以将其字号设置得最小。

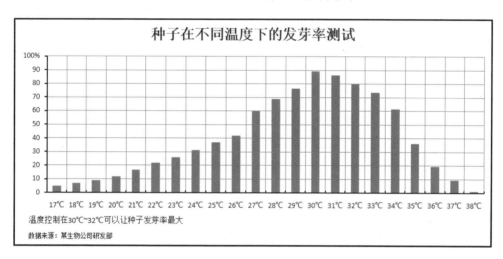

图 9-23

9.2.2　不要为了好看而让图表变得花哨

通常，美化图表首先想到的就是用颜色或者图片来点缀图表效果，但是颜色和图片的使用也讲究搭配，不能为了好看而让图表变得花哨；否则不仅达不到美化图表的效果，还会影响阅读者查看图表数据。下面从 5 个方面来讲解颜色和背景图片在美化图表过程中的使用原则。

1. 颜色不要太艳丽

图表的主要功能是向受众展示数据之间的关系或变化趋势，虽然艳丽的颜色可以给人带来美的享受，但在图表中，并不是颜色越艳丽越好。太艳丽的颜色可能妨碍受众对图表数据的阅读。

如图 9-24 所示，从左图中可以看出，艳丽的图表颜色让受众根本无法将注意力放在数据变化的柱状形状上，而右图中简单的颜色搭配，让数据变化和对比效果一目了然。

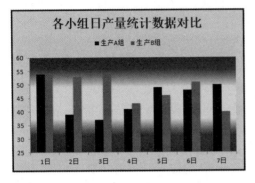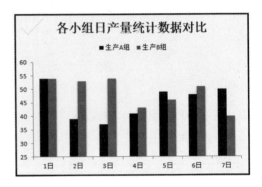

图 9-24

2.背景色与前景色对比要明显

如果图表的背景使用彩色填充，那么图表的前景色应尽量采用背景色的互补色进行填充，以突出显示图表的数据区域。如果背景色与前景色非常相近，则整个图表主体将不能突出，还可能无法正常读取数据。如图 9-25 左图所示，背景色采用了较为庄重的深蓝色，但图表中所有文字和数据系列的前景色都为与背景色非常相近的黑色和蓝色，使得整个图表阅读起来很吃力。而右图中将所有文字的前景色设置为与背景色互补的白色，并为数据系列应用亮度较高的黄色，使得前景与背景形成明显的反差。

图 9-25

3.同一图表中颜色不要过多

虽然系统提供了上百种颜色可供使用，但同一图表中，并不是颜色越多越好；相反，应把颜色尽量控制在 4 种以内。对于需要多种颜色表示的图表，可以用相同颜色的不同亮度和饱和度来区分。如图 9-26 所示，第一个图表中应用了至少 7 种颜色，使整个图表效果显得很花哨，后 3 个图表的数据系列是同色系，使整个界面看起来美观而不凌乱。

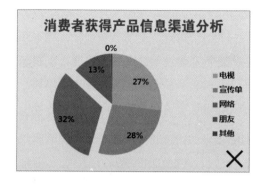

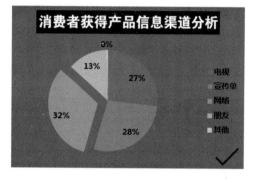

图 9-26

4. 背景图片不能太花哨

使用背景填充数据图表的图表区或绘图区是很好的美化图表的方法，但切忌背景图片太过花哨，越简约的背景图片越有利于图表数据的展示。如图 9-27 左图所示，漂亮的背景图片占据了图表的大部分区域，且图表标题、图例、坐标轴等很难分辨清楚，感觉这就是一张风景图，而不是图表。而右图中简单的图表背景既达到了美化图表的目的，也不会影响图表的数据表达。

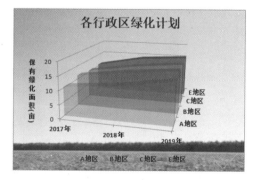

图 9-27

9.2.3 关键数据要突出显示出来

在用图表呈现数据分析结果时，有时需要对某个关键数据进行特别强调，以引起阅读者的注意，此时就可以将该数据突出显示出来，其使用的方法有使用颜色突出显示数据、用框线圈释关键信息、用粗细效果突出关键数据、用分离效果强调重要数据以及用箭头强调关键数据。

1. 用颜色突出关键数据

颜色是图表中区分数据最重要的元素之一，与众不同的颜色也最容易引起受众对此数据点的关注。

默认情况下，在 Excel 中创建的图表同一个数据系列的各个数据点的颜色和效果都是相同的，每一个数据系列的颜色都是相同的，但 Excel 也允许用户单独设置某一个数据点的格式，因此可利用此功能来为需要突出显示的关键数据设置不同的颜色，如图9-28所示。

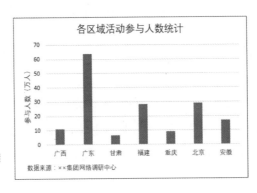

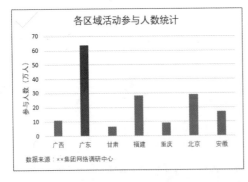
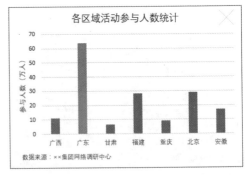

图 9-28

从图 9-28 中可以看出，图 9-28 上图虽然从柱形图的高度上可以看到广东地区的活动参与人数最多，但是不够突出，而将其填充色设置为红色后，与其他数据系列的形状颜色形成鲜明的对比，让最大值更醒目，从而达到突出关键数据的目的。

虽然图 9-28 下右图也为最大值设置了其他颜色，但是使用的是与原数据系列颜色相近的颜色，整体效果没有视觉冲击力，因此也就没有达到突出数据的目的，因此，在用颜色突出数据时，应该尽量让颜色之间形成强烈的对比。

需要说明的是，如果要为某个数据点设置不同的颜色来突出显示该数据，要求图表本身的颜色不能太多。例如，在具有 4 个以上数据点的饼图或圆环图，或具有 3 个以上数据系列的柱形图、条形图或折线图等图表中，就不适合使用颜色突出关键数据。

2. 用框线圈释关键信息

如果图表中的数据内容很多，但是主题传达的意思可能只是图表中的某个部分，若删除其他参照的数据，则信息显得不完整。此外，在堆积类型的图表中，每个数据点上层叠着所有数据系列，再使用颜色来区分关键数据就达不到明显的效果，有时甚至还会适得其反，影响图表的表现力。

此时，可以采用框线的方式标注出图表主题的关键位置，这样既能突出重点，也兼顾了数据信息的完整性。

图 9-29 所示为用柱形图对比 A、B 两个小组的日产量数据，仔细分析可以发现，B 小组的日产量除了 5 日和 7 日没有 A 小组日产量高，其他日期的产量都比 A 小组高，但是从左图不能直观地体现这个信息，在右图中，借用框线将 5 日和 7 日的数据系列框选，从视觉效果上突出这两天的产品对比，就可以很直观地看到数据的变化情况。

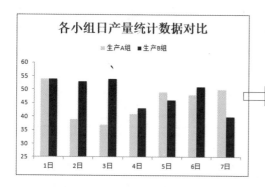 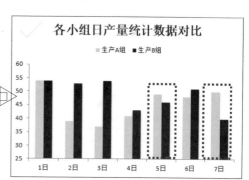

图 9-29

框线既可以使用实线，也可以使用虚线，但是需要注意两点，在用框线突出显示关键数据时，框线不能太细，且其颜色也要与主题颜色形成鲜明对比。

如图 9-30 所示，左图虽然使用的是 3 磅粗细的实线，但是线条轮廓颜色是浅灰色，右图使用的虽然是对比很强的红色，但是线条粗细只有 0.25 磅，因此这两个图表都不能很好地突出关键数据。

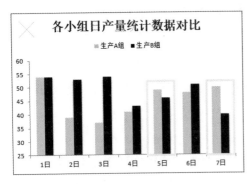 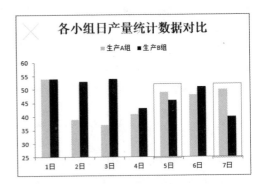

图 9-30

3. 用粗细效果突出关键数据

由于折线图是以折线的方式表示数据系列，为了更好地区别折线数据系列、坐标轴线和各种网格线，因此不能将数据系列的折线设置得太细，至少要比图表中的其他线条粗一些；否则会影响他人阅读。如果有多条折线时，需要强调的那根折线也要比其他的折线粗，如图 9-31 所示。

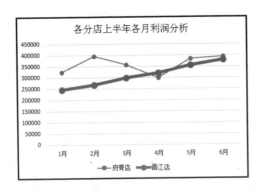 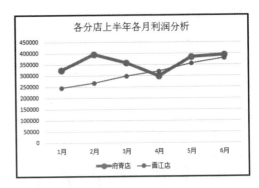

图 9-31

从图 9-31 中可以看出，左图将晋江店的各月利润变化数据系列设置为 4.5 磅，将府青店的各月利润变化数据系列设置为 1.5 磅，从视觉效果上而言，晋江店的数据系列更醒目；右图刚好相反，将晋江店的各月利润变化数据系列设置为1.5磅，将府青店的各月利润变化数据系列设置为4.5磅，整个图表中，府青店的数据系列更突出。

4. 用分离效果强调重要数据

在饼图中，每一个数据点以独立的扇区表示，当数据点较多时，使用颜色突出显示关键数据点就不现实了，并且也无法使用框线圈释或者设置粗细连接线。

但是饼图有一个特点，即所有扇区的起始位置是整个圆的中心，因此，可以将需要某个数据对应的扇区单独选择，然后向远离中心点的方向拖动鼠标，将其从圆中分离出来，从而达到强调数据的效果。

图9-32左图以饼图形状展示了某公司某月非固定成本支出的占比情况，在左图中可以看到商务宴请的占比最大，但是右图中，阅读者首先注意到的还是被分离出来的金融保险的支出占比。

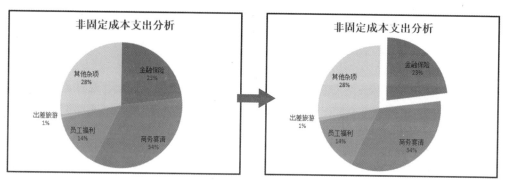

图 9-32

5. 用箭头强调关键数据

Excel中提供的形状有很多种，但是带箭头的直线和箭头形状在图表中有着非常重要的意义，因为它具有方向性，所以可以对数据的趋势进行描述。此外，它还可以对项目进行强调。

1) 用带箭头的直线表达趋势

对于折线图而言，可以通过添加趋势线来准确展示数据的变化趋势，其实也可以使用更简便的方法来添加，即用箭头形状。它与趋势线最大的区别就是，利用箭头形状描述折线数据系列的变化趋势，不必添加图例。

如图 9-33 所示，左图中通过添加趋势线来描述一周每天的最高温度和最低温度的变化趋势，图例有 4 个占了两行的空间，而且趋势线默认情况下是没有箭头方向的。

右图是通过添加带箭头的直线，因为是形状对象，因此不必在图表中添加图例，而且形状有箭头样式，趋势效果更直观，但是这种方法对于折线变化趋势不明显的最好不要使用，因为毕竟是通过肉眼观察趋势的升降来手动添加的，存在误差。

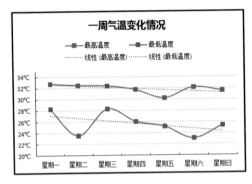 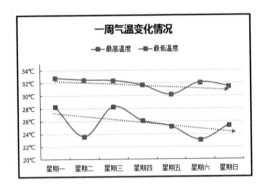

图 9-33

2) 用箭头形状描述数据变化

在柱形图中，如果一个数据系列相对于左右相邻的数据系列上升或者下降，默认情况下是通过柱形的高度来描述的，而这里是通过手动添加箭头的方式来强调数据的变化情况。

如图 9-34 所示，企业的营业额在 2012—2015 年内都呈现逐步上涨的变化趋势，但是 2016 年相对于 2015 年而言，营业额发生了下降的变化，从左图的默认效果看，这一下降变化不明显，而右图在这个下降位置添加了一个向下的箭头形状，并用突出的颜色（这里使用红色）进行填充，从整个修改效果来看，2016 年的营业额下降变化更加直观。

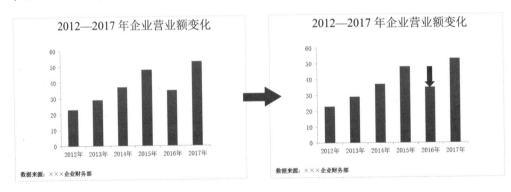

图 9-34

3) 用箭头形状强调项目

从前面已经了解到，在饼图中，可以通过分离饼图的方法来强调项目，其实，在饼图中，也可以使用箭头的方式来对某个项目进行强调，如图 9-35 所示。

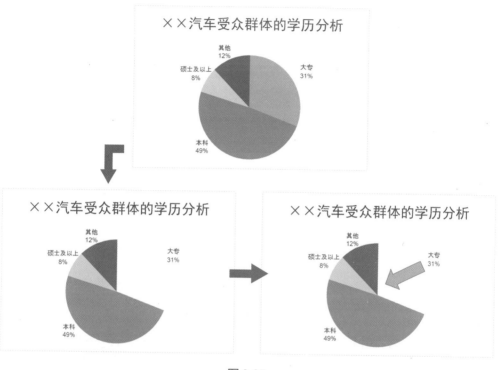

图 9-35

在图 9-35 上图中，最大扇区是本科学历的受众群体，相对而言其被首先看见的概率比大专学历的受众群体扇区大，但是在下右图中，用箭头形状替代了饼图的扇区，打破了传统的表现手法，因此也容易引起阅读者的注意，从而起到了强调数据的作用。

通过整个流程图可知，要使用箭头强调饼图中指定项目，首先要将该项目所在的扇区的填充色和轮廓取消，然后绘制一个向内的箭头形状代替项目。

9.2.4　慎用三维立体效果

Excel 的大多数图表类型都具有三维子类型 (有些图表的三维子类型并不是真三维图形，而只是二维图形的三维透视效果)，利用图表的三维效果虽然可以提高图表的整体美观度，但使用图表的三维效果必须把握好一个 "度"，如果使用不当，不仅不能达到美化图表的效果，还可能适得其反，影响图表数据的阅读。

如图 9-36 所示，上左图和上右图都是乱用三维立体效果。其中上左图的三维效果太强烈，除了第三个数据点明显比较大以外，其他三个数据点的大小差别不大，如果没有数据标签，则这三个数据点的大小在这种情况三维立体旋转效果下很难辨别大小，而且此时的三维立体效果下横坐标轴的分类名称也没有被显示出来。

上右图是以饼图形式来分析各车间生产力的占比情况，从数据标签可知，3 号车间的生产力最大，40% 的产品都是该车间生产的，2 号车间的生产力最小，只有 17% 的产品是该车间生产的，但是从三维立体效果的饼图中，2 号车间的扇区面积从视觉上看起来比 1 号车间和 4 号车间还大，这也是典型的三维立体效果导致数据呈现结果失真的情况。

下左图和下右图是分别对上左图和上右图的优化处理，只做了一个操作，即取消三维立体效果，可以发现，优化处理后的图表，整个数据关系和大小明显清晰、直观和准确。

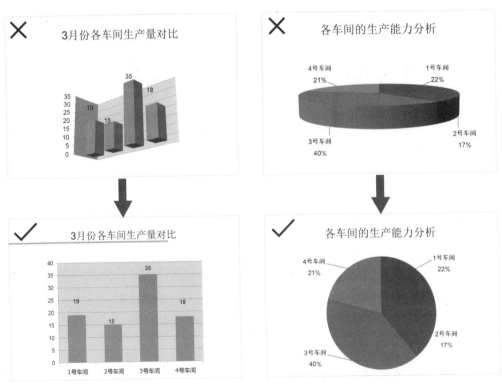

图 9-36

因此，在用图表呈现数据分析结果时，一定要谨慎使用三维立体效果，尤其要注意立体效果不要设置得太强烈，而且一定要配合数据标签使用，这样才能在确保数据准确的前提下对图表进行美化。

常见图表类型的规范制作要求

9.3

图表虽然能够直观呈现数据分析结果，让数据分析师更好地呈现自己的观点，但是如果不注意制作规范，图表仅仅是一个图形化展示的说法和表象，并没有达到实际的效果和作用。

9.3.1 柱形图的分类和数据系列不要太多

无论是在 Excel 中还是制作的数据分析报告，都有页面宽度的限制，因此在选择柱形图呈现数据分析结果时，一定要注意数据分类和数据系列不要设置得太多；否则会将绘图区的数据系列压缩得很小，导致数据不能很好地表达出来，如图 9-37 所示。

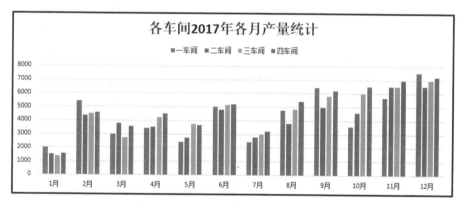

图 9-37

在图 9-37 中，图表包含 12 个分类，4 个数据系列，从而导致图表的数据不能很好地展现给阅读者，分析目的也不明确。如果要对比各个车间每月的产量，可以按季度划分时间，将该图表划分为 4 个图表，如图 9-38 所示，虽然数据系列没有减少，但是每个图表中的分类少了，使得整个图表更方便对各车间每个月的产量进行对比查看，而且按季度呈现数据，相比图 9-37 也更具分析意义。

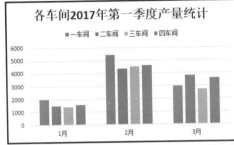

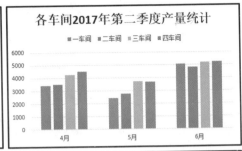

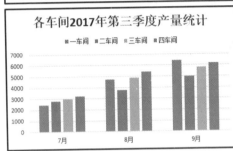

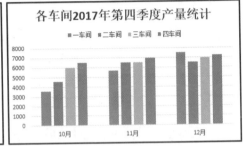

图 9-38

在图 9-39 中按不同车间的产量来拆分图表，虽然每个图表的分类仍然是 12 个，但是数据系列只有一个，从而让整个图表看起来很简洁，而且有利于分析各个车间当年的产量大小及生产力分布情况。

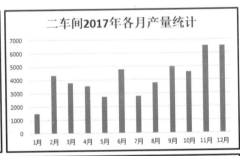

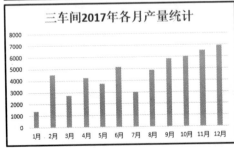

图 9-39

9.3.2　分类标签多而长首选条形图

在商务图表展示中，虽然柱形图和条形图都有比较数据大小的功能，但是二者也存在一定的差异，如果数据分析结果中需要比较的数据多，而且分类坐标轴的名称长，此时最好使用条形图，因为条形图的分类标签是在左侧以多行显示，可以确保每个分类都能完全被显示出来，如果用柱形图，则分类坐标名称将倾斜显示，从而让整个图表看起来排列很凌乱，如图 9-40 所示。

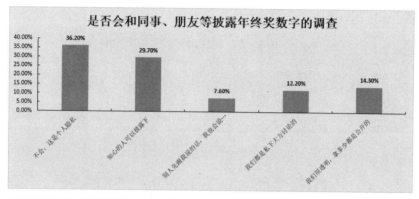

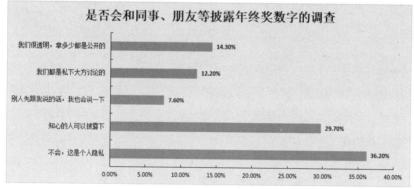

图 9-40

从图 9-40 中可以看到，图表展现的是"是否会和同事、朋友等披露年终奖数字"的调查结果，虽然分类项目不多，只有 5 个，但是每个分类项目的名称比一般的分类长，如果考虑用柱形图来比较大小，由于分类名称不能在有限的宽度下一行完全显示，因此会倾斜显示，从而让图表的布局显得很空，阅读也会受到影响，而用条形图来展示调查结果，不仅能清楚地显示每个分类名称，而且整个图表布局也更紧凑及合理，数据也更方便阅读。

9.3.3 排序数据源使条形图数据展示更直观

当条形图中的数据较多，并且数据大小差别不是很大时，并不能非常明显地看出各数据点的数值大小，此时就可以通过对数据源区域进行排序来改变条形图各数据点的排列位置，从而快速从图表中找到数据的最大值和最小值，如图 9-41 所示。

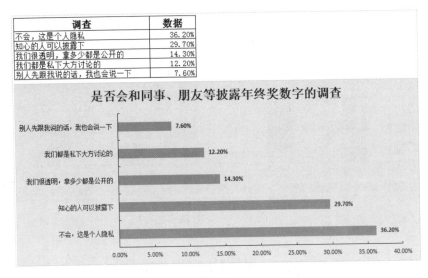

图 9-41

从图 9-41 中可以看到，对数据源进行降序排序后，图表中的数据系列却以升序排序，虽然相比图 9-40 下图而言，图表中的数据排列更加整齐，但是与数据源的顺序出现了背离。如果要让图表的数据排列方式与数据源的数据排列方式保持一致，需要双击分类坐标轴，在打开的任务窗格中选中"逆序刻度"复选框即可，如图 9-42 所示。

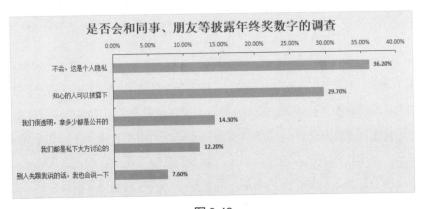

图 9-42

9.3.4 多折线的情况下分开做多个图表

折线图虽然可同时展示多个数据系列的变化趋势，但是如果数据系列过多，并且在相同的时间点的数据存在交叉的情况，就会使折线图看起来非常混乱，不易辨别，如图 9-43 所示。

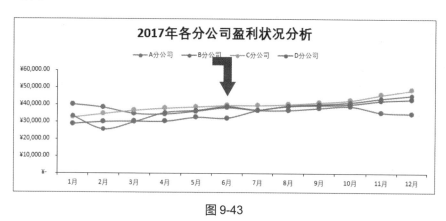

图 9-43

从图 9-43 中可以看出，4 个数据系列在相同的时间点上来回交错，使得各连接线相互缠绕在一起，很难判断数据的变化趋势，此时可以将图表分开显示，如图 9-44 所示。

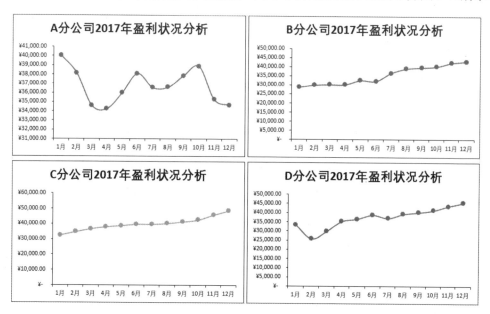

图 9-44

从图 9-44 中可以看到，每个图表中只显示一个数据系列，将 4 个图接拼在一起，不仅可以清楚地查看每个公司的盈利状况变化趋势，还可以对比各分公司的盈利变化总体变化趋势。

如果要查看某个公司与其他分公司盈利状况的相对变化趋势，如分别查看 A 分公司与 B 分公司、C 分公司和 D 分公司的盈利状况相对变化趋势，此时可以以其中的 A 分公司的数据系列为基准，将每两个数据系列分为一组，绘制到单独的图表中，以便更清楚地看到数据的变化趋势，如图 9-45 所示。

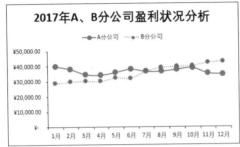
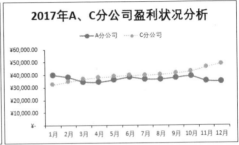

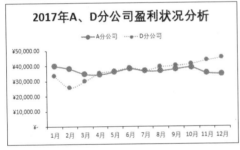

图 9-45

在图 9-45 中，由于基准数据系列为 A 分公司，因此在这里采用了虚实折线结合的方式，将基准数据系列以实线显示，将比较数据系列用虚线显示，这样在一定程度上还对主要和次要数据系列进行了区分，从而更方便查看和比较 A 分公司与其他分公司的盈利趋势情况。

9.3.5　巧妙处理饼图中的较小扇区

在饼图中如果某个分类项目的值相对于其他分类项目过小，则代表该分类项目的扇区也将很小，不利于其数据的展示，此时就需要对过小的扇区进行特殊的处理。在 Excel 2016 中，饼图中有复合饼图和复合条饼图两种子类型，可以更加方便地处理数值过小的分类项目。其具体操作如下。

选择图表，单击"图表工具"的"设计"选项卡，在"类型"选项组中单击"更改图表类型"按钮，在打开的"更改图表类型"对话框的"所有图表"选项卡中选择"饼图"图表类型，在右侧的窗格中选择复合饼图子类型，如图 9-46 所示，单击"确定"按钮。

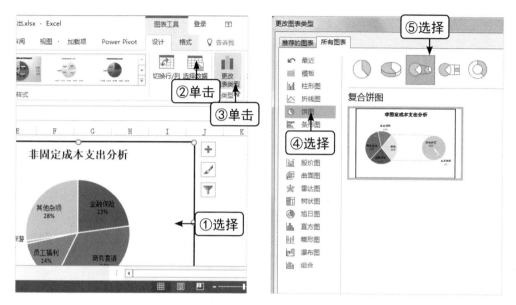

图 9-46

在返回的工作表中即可查看到图表类型已被更改，图 9-47 所示为图表类型更改前后的对比效果，从图中可以看到，较小数据系列被添加到复合图表中，这样处理后，在观察图表数据时，就不容易忽略出差旅游支出项目了。

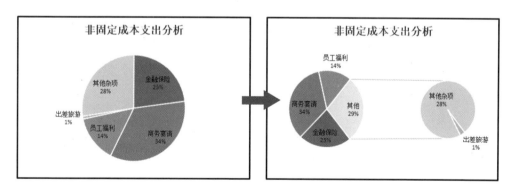

图 9-47

默认情况下创建的复合饼图中，第二扇区为两个数据点，用户还可以根据需要自定义第二扇区中显示的数据内容。例如，在图 9-47 中，如果要在左侧的主要饼图中重点强调和查看金融保险和商务宴请的成本支出项目，而将其他所有的项目都添加到复合饼图的第二扇区中，其具体的操作如下。

选择第二扇区的数据系列，打开"设置数据系列格式"任务窗格，保持"系列分割依据"的"位置"选项，在"第二绘图区中的值"数值框中输入"3"，即可将图表数据源表格中后面3个数据在第二绘图区中显示，如图9-48所示。

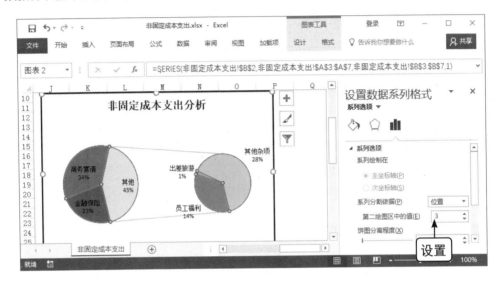

图 9-48

第 10 章

最后一步：撰写数据分析报告

 本章要点

◆ 数据分析报告快速入门　　　　　◆ 数据分析报告的开篇
◆ 了解数据分析报告的种类　　　　◆ 数据分析报告的正文
◆ 制作数据分析报告的工具　　　　◆ 数据分析报告的结尾
◆ 如何写好一份数据分析报告

学习目标

前面 9 章内容对数据分析的入门知识以及各个数据分析过程进行了详细的讲解，至此数据分析师已经对数据分析结果有明确的认识和自己的观点，如何将这些结果和自己的观点呈现给决策者，这就需要最后一步——撰写数据分析报告。

知识要点	学习时间	学习难度
数据分析报告概述	**20** 分钟	★★
数据分析报告的组成	**30** 分钟	★★★

数据分析报告概述

数据分析报告是整个数据分析过程的成果体现，是评定产品或运营事件的定性结论。在深入学习数据分析报告的结构组成之前，先来认识一下数据分析报告的概述内容。

10.1.1 数据分析报告快速入门

数据分析报告是数据分析结果的有效承载形式。随着数据分析报告在中国越来越广泛的应用，目前它已经逐渐成为企业经营判断的最佳依据。

1. 数据分析报告的作用

做任何事情都有明确的目的，那么撰写数据分析报告的目的是什么呢？对于数据分析报告的作用是数据分析师首先要了解的基础内容。作为数据分析报告，它主要有3个作用，分别是展示分析结果、验证分析质量和提供决策依据。

(1) 展示分析结果。企业的决策者并不是专业的数据分析师，他们不需要详细地了解整个数据分析过程，也不需要掌握用什么方法来具体对数据进行分析，他们只需要一个数据分析的最终结果，对于数据分析的详细过程和具体执行全部由专业的数据分析师来完成，在数据分析师完成数据分析并得到结果后，就要通过数据分析报告以某种特定的形式和结构将数据分析结果清晰地展示出来供决策者阅读，从而让决策者能够快速地理解、分析或研究问题的基本情况。

(2) 验证分析质量。一份思路清晰且言简意赅的数据分析报告不仅能从侧面反映数据分析师的专业程度，从而让决策者赏识，而且决策者可以通过报告中陈述的内容、对数据结果的处理和分析来检验数据分析的质量，并让决策者对数据分析师的专业性更加认可，对数据分析结果也更加信服。

(3) 提供决策依据。数据分析报告实际上是一种根据分析原理和方法，运用数据来反映、研究和分析某项事物的现状、问题、原因、本质和规律，从而得出分析结论，并提出解决办法的一种分析应用文体，通过这种文体，可以方便决策者全方位地科学分析和量化事物的发展情况或评估项目的可行性，从而为决策者提供科学、严谨的依据，最终降低最终决策带来的风险。

2. 数据分析报告的特点

数据分析报告是整个数据分析项目的总结，具有独立性、定量性、逻辑性以及战略规划性四大特点，各特点的具体描述如下。

(1) **独立性**。数据分析的结果是数据分析师依据各种资料全面分析得到的客观结果，它必须独立于委托方或报告的使用方，这样的报告才不会有倾向性，数据才更具实际意义。

(2) **定量性**。任何决策都要以数据为基础，毫无根据地作出决策导致失败的概率会更大。如果对于一个完全创新的项目，它还没有任何的历史数据，但是这种项目也不可能独立于现有的经济活动，此时可以根据这些有关联的经济活动的现状进行定性研究，再利用德尔菲法和市场问卷调查法等方法对项目进行估算，最后还是会对估算结果进行定量分析。因为只有通过定量分析得到的结论才能确保决策的可行性。

(3) **逻辑性**。数据分析报告必须具有逻辑性，即基础数据是怎么来的？有什么依据？对于说明判断又有什么样的依据？有什么样的依据做立足点？基础数据得到后对收入预测判断有什么样的依据？收入预测出来后成本预测是怎么出来的？成本费用的基础数据是怎么得到的？只有严谨科学的具有逻辑性的数据分析报告，才更具有实际价值。

(4) **战略规划性**。战略规划性越来越成为数据分析报告质量的一个基础要求。当数据分析报告能对委托方的战略规划进行策划和梳理的时候，数据分析报告的价值就体现出来了。

3. 构建数据分析报告的具体目标

数据分析报告作为专业严谨的总结报告，并不能一蹴而就，在开始撰写数据分析报告之前，需要构建数据分析报告的具体目标，即进行总体分析、确定项目重点并建立模型，具体描述如下。

(1) **进行总体分析**。从项目需求出发，对被分析项目的财务和业务数据进行总量分析，把握全局，形成对被分析的项目财务和业务状况的总体印象。

(2) **确定项目重点**。在对被分析的项目总体掌握的基础上，根据被分析项目特点，通过具体的趋势分析和对比分析等手段，合理确定分析的重点，协助分析人员作出正确的项目分析决策，调整人力、物力等资源达到最佳状态。

(3) **建立模型**。通过选取指标，针对不同的分析事项建立具体的分析模型，将主观的经验固化为客观的分析模型，从而指导以后项目实践中的数据分析。

以上介绍的 3 个目标是紧密联系、缺一不可的，因为只有在进行总体分析的基础上，才能进一步确定项目重点，并在对重点内容的分析中得出结果，进而实现评价。如果单单实现其中一个目标，最终得出的报告将是不完整的，对制订项目实施方案也没有可靠的支撑作用。

4. 数据分析报告的制作原则

一份完整的数据分析报告，应当围绕分析目标，在确定的分析范围内遵循一定的前提和原则，系统地反映数据分析的全貌。那么在制定数据分析报告时，应当遵循哪些制作原则呢？具体如下。

1) 规范性原则

规范性原则是指在数据分析报告中涉及的专业术语或者名词一定要规范，按照统一的标准书写，不能简写或改写；否则会影响决策者的阅读和理解。

2) 重要性原则

数据分析报告一定要体现项目分析的重点，无论是选择的资料或者指标、分析的问题还是得到的数据结果等，都需要按照重要性来进行排序，先列举重点资料和指标，分析重点问题，列举重要的分析结论，不仅提高数据分析的准确性，而且确保决策者总是先看到重要的信息。

3) 谨慎性原则

数据分析报告的谨慎性原则主要体现在数据分析过程中，因为只有谨慎和科学的数据分析过程，才能确保数据分析结果的合理、全面和可靠。

4) 鼓励创新原则

虽然数据分析的方法已经有很多经典存在，但是也要鼓励数据分析师在实事求是和科学严谨的前提下，摸索和实践创新分析方法，并将其记录在数据分析报告中，供他人借鉴、学习和使用，从而发扬光大。

10.1.2　了解数据分析报告的种类

数据分析报告的划分依据有很多，不同的划分依据又包含多种具体的类型，下面进行具体介绍。

1. 按照报告陈述的思路划分

按照报告陈述的思路可以将数据分析报告划分为 4 种类型，分别是描述类报告、因果类报告、预测类报告和咨询类报告。这 4 类报告由浅入深，分析难度递增，对企业决策的支持程度也递增，其具体介绍如图 10-1 所示。

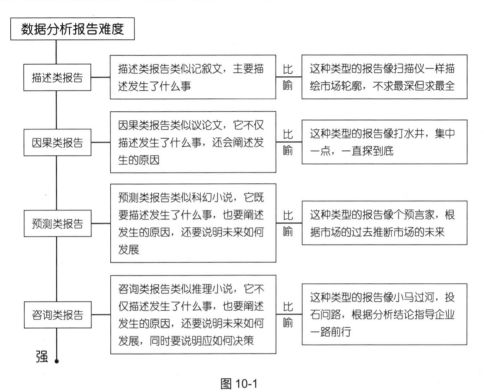

图 10-1

2. 其他划分方式

由于数据分析报告的内容、对象和时间等情况不同，报告类型也存在不同的形式，常见的类型有专题分析报告、综合分析报告和日常数据通报等。

1) 专题性分析报告：针对内容

专题分析报告是对社会经济现象的某一方面或某一个问题进行专门研究的一种数据分析报告，其作用是为决策者提供某项问题的专题分析以及解决该问题的参考意见和依据。这类报告不要求反映事务的全貌，主要针对某一方面或者某一问题进行专题分析，如客户流失问题分析等。

此外，由于是集中精力对某个专项问题进行分析，因此报告内容重点鲜明，分析也必须深入，即对问题具体描述，说明问题产生的原因，并提出切实可行的解决办法。要撰写这类分析报告，需要数据分析师对公司的业务有深入的认识，切忌表面介绍和泛泛而谈。

2) 综合分析报告：针对对象

综合分析报告又叫全面分析报告。它可以全面评价某一部门、某一单位或某一地区一定时期内的经济情况、业务情况或者其他方面的发展情况，从中找出带有普遍性和关键性的问题，认识其规律。它既可用于宏观分析，也可用作微观分析，如中国环境质量报告及企业运营分析报告等。

对于综合分析的对象，无论是地区、部门还是单位，都必须以这个对象为分析总体，站在全局高度反映总体特征，做出总体评价。例如，在分析一个公司的整体运营时，可以从常用的 4P 分析法，从产品、价格、渠道和促销这 4 个角度进行全面综合的分析。

需要注意的是，综合分析报告要把互相关联的一些现象和问题综合其他进行系统的分析。它不是全部资料的简单列举，而是基于分析指标和分析方法来考察现象之间的内部联系和外部联系。

3) 日常数据通报：针对时间

日常数据通报也称为定期分析报告，它通常以日、周、月、季度、年等为时间阶段，反映公司运行或者计划执行等一系列状况的定期报告。该报告具有 3 个明显的特点，具体如下。

(1) 进度性。日常数据通报必须把公司的运营状况或计划的执行进度和时间结合起来分析，通过一些指标进行对比，从而判断运营状况或者计划完成状况的好坏。

(2) 规范性。日常数据通报基本成了相关部门的例行报告，定时向决策者提供。所以这种分析报告形成了比较规范的结构形式，例如，对于计划执行通报，它一般包括 4 个基本部分：①反映计划执行的基本情况；②分析完成和未完成的原因；③总结计划执行中的成绩和经验，找出存在的问题；④提出措施和建议。这种分析报告的标题也比较规范，一般变化不大，有时为了保持连续性，标题只变动了一下时间，如《×月×日项目进度通报》。

(3) 时效性。由于日常数据通报是针对时间而定的一种报告，这种报告特别注重时效性，因为只有及时地通报发展状况的最新信息，才能帮助决策者掌握最新的动态，从而辅助制定相关决策。

10.1.3　制作数据分析报告的工具

一提到制作数据分析报告的工具，大多数数据分析师首先想到的就是 Office 办公软件中的 Word 组件，这是最常用的工具。此外，Office 办公软件中的 Excel 和 PPT 组件也可以用于制作数据分析报告。各种工具都有各自的特点，下面分别进行介绍。

1. Word 工具

Word 工具作为强大的文字处理软件，可以方便地制作各种报告，利用该工具可以灵活地进行报告的版面设计和各种排版处理，而且可以将报告打印出来装订成册。一般综合性分析报告、专题分析报告和日常数据通报等数据分析报告类型都可以用该工具来制作。图 10-2 所示为利用 Word 工具制作的企业阅读财务分析报告的前两页的效果。

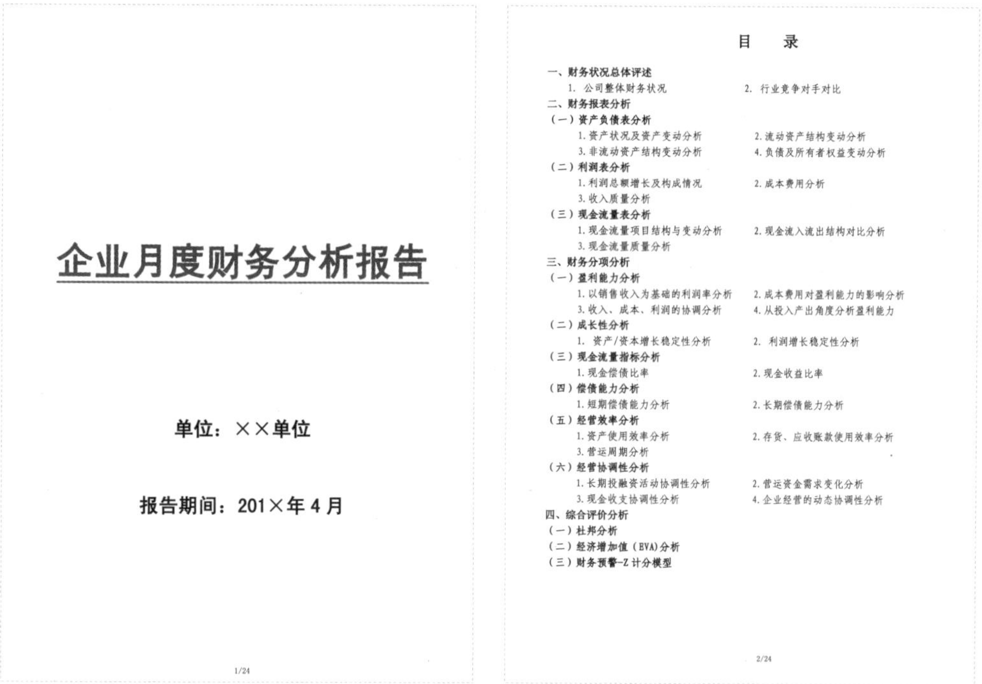
企业月度财务分析报告

单位：××单位

报告期间：201×年 4 月

1/24

目　录

一、财务状况总体评述
1. 公司整体财务状况　2. 行业竞争对手对比
二、财务报表分析
（一）资产负债表分析
1. 资产状况及资产变动分析　2. 流动资产结构变动分析
3. 非流动资产结构变动分析　4. 负债及所有者权益变动分析
（二）利润表分析
1. 利润总额增长及构成情况　2. 成本费用分析
3. 收入质量分析
（三）现金流量表分析
1. 现金流量项目结构与变动分析　2. 现金流入流出结构对比分析
3. 现金流量质量分析
三、财务分项分析
（一）盈利能力分析
1. 以销售收入为基础的利润率分析　2. 成本费用对盈利能力的影响分析
3. 收入、成本、利润的协调分析　4. 从投入产出角度分析盈利能力
（二）成长性分析
1. 资产/资本增长稳定性分析　2. 利润增长稳定性分析
（三）现金流量指标分析
1. 现金偿债比率　2. 现金收益比率
（四）偿债能力分析
1. 短期偿债能力分析　2. 长期偿债能力分析
（五）经营效率分析
1. 资产使用效率分析　2. 存货、应收账款使用效率分析
3. 营运周期分析
（六）经营协调性分析
1. 长期投融资活动协调性分析　2. 营运资金需求变化分析
3. 现金收支协调性分析　4. 企业经营的动态协调性分析
四、综合评价分析
（一）杜邦分析
（二）经济增加值（EVA）分析
（三）财务预警—Z 计分模型

2/24

图 10-2

由于 Word 工具只是对文字和版面进行处理，因此缺乏交互性，不适合在演示场合使用。

2. Excel 工具

Excel 工具是进行数据分析工作的主要工具，它不仅能存储数据，还可以利用其计算结果方便实时更新。此外，运用图表功能创建的图表还具有动态变化的效果，其交互性更强。因此，对于数据处理和分析比较多的日常数据通报一般还可以用 Excel 来制作数据分析报告。图 10-3 所示为利用 Excel 工具制作的 201× 年 8 月质量数据分析报告效果。

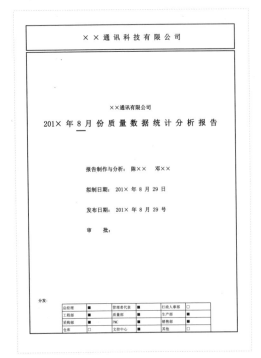
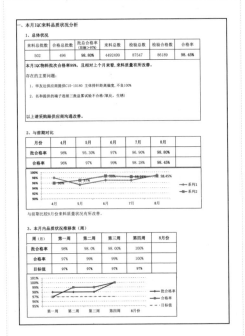

图 10-3

利用 Excel 工具制作的数据分析报告只适合打印出来在纸张上查看，不适合在演示场合进行演示。它与利用 Word 工具制作的数据分析报告相比，只是交互功能强一些，可以方便动态修改数据。

3. PPT 工具

PPT 工具是商务场合中重要的演示工具，在其中可以方便地加入丰富的元素，并且动态地按照制作者的需求依次展示内容，因此非常适合演示汇报。如果要在商务演示场合下展示数据分析结果，此时可以借助 PPT 工具来制作数据分析报告，一般的综合分析报告和专题分析报告都可以用 PPT 工具来制作。图 10-4 所示为利用 PPT 工具制作的产品市场调查分析报告的部分效果。

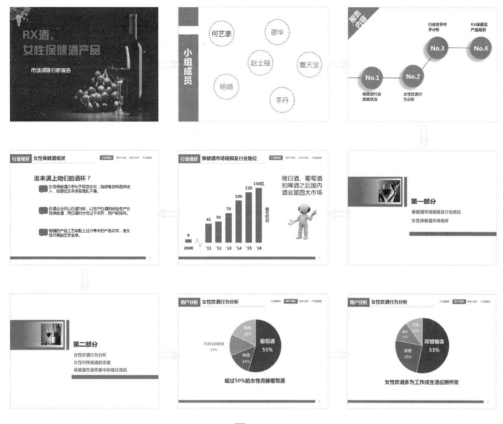

图 10-4

需要注意的是，由于 PPT 是在演示场合下展示数据分析结果，因此为了吸引观众，让观众能够更容易吸收分析结果，不适宜在 PPT 中堆砌大篇的文字内容。此外，毕竟利用 PPT 工具只是辅助演示，将数据分析结果更生动地展现给决策者，因此也不要把 PPT 报告设置得过于花哨，动画效果也不要设置得太多；否则会影响阅读性。

10.1.4　数据分析报告的生成

数据分析报告是整合一个业务实际分析过程的成果，是对该业务实际的定性结论，是一项决策的参考依据。虽然说对企业收集的杂乱数据进行分析和处理很重要，但是将最终分析结果制作成一份清晰明朗的数据分析报告也是不能马虎的环节。如果数据分析报告写得不好，会在一定程度上影响决策者的理解和最终的判断。那么，如何才能写好一份数据分析报告呢？可以从以下几个方面来重点考虑。

1. 好报告一定要有好框架

撰写数据分析报告与修建房子一样，需要一个结构清晰且主次分明的框架，这样才能让决策者容易读懂报告内容。没有人愿意把时间和精力浪费在一篇又臭又长的报告上。而且在涉及报告框架时，千万不要从自己的角度来搭建报告的框架，因为整个数据分析过程是你自己做的，你非常清楚，但是别人不清楚，此时一定要从决策者的角度去梳理介绍思路和顺序，了解他们关心的内容是什么，这样才能让决策者有阅读的兴趣。

2. 每个分析一定要有结论

带着目的性来分析每个问题，在问题分析完后都要有一个主体分明且言简意赅的分析结论。如果没有明确的结论，那么分析也就不叫分析了，也失去了分析本身的意义。而且在分析时一定要注意总结重要的结论就好，如果一份数据分析报告中最终有许多的结论，这就不利于决策者抓住重点。

3. 每个结论一定要有理有据

任何数据分析的结论都是建立在有理有据的基础上，不要出现猜测性的结论，这种主观的结论没有说服力。因此，在撰写数据分析报告时，也不要出现"我认为""我觉得"……；否则会给人一种"空中楼阁"的不真实感觉，最终降低数据分析结论的可靠性。

4. 报表一定要有可读性

"文不如表，表不如图"，在现代这个节奏快速的大环境下，一图胜千言，因此在撰写数据分析报告时，要注意报告的图表化，让报告的视觉效果更好，让决策者在花费较少时间的前提下更容易看懂报告。当然，凡事都有一个度，这就要数据分析师自行把握，因为过多的图表也会造成阅读者的视觉困扰。

5. 问题一定要有解决方案

进行数据分析的目的就是发现问题的本质和产生的原因，并最终解决问题，因此在数据分析报告中，一定要有针对某个分析问题最合理科学的解决方案或建议。在报告中如果阐述了问题的本质和产生原因，而没有解决方案，那么问题还是客观存在的，那么进行此次数据分析也就失去了本身的意义。

6. 行文一定要通俗易懂

由于数据分析报告的最终阅读者都不是专业做数据分析的，因此数据分析师在撰写数据分析报告时，尽量以通俗易懂的语言来阐述报告内容，切忌用过多的专业术语，造成阅读者的理解障碍。如果报告中大量出现各种难懂的专业名词，阅读者就会花大量的时间来查阅这个名词到底是什么意思，这种数据分析报告是没有价值可言的。当然如果不可避免地要写一些名词，最好要有让人易懂的"名词解释"。

数据分析报告的组成

对于数据分析报告的好坏，决定性因素还是数据分析报告的框架。那么，一份相对完整的数据分析报告应该包括哪些组成部分呢？

根据不同公司业务、需求的不同，数据分析报告的组成部分也有差异，但是大多数情况下，数据分析报告还是沿用经典的"总—分—总"的结构，在这个结构中，第一个"总"即代表数据分析报告的开篇，具体包括报告标题、报告目录和报告前言 3 部分，"分"即代表数据分析的正文，它是数据分析报告的主体内容，第二个"总"即代表数据分析报告的结尾，具体包括分析结论、提出建议和相关附录 3 部分。图 10-5 所示为数据分析报告的结构和各部分组成。

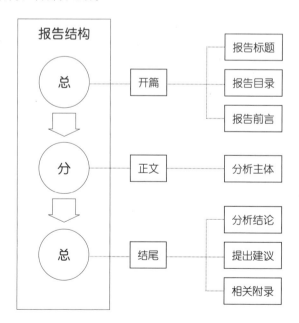

图 10-5

下面具体针对每个组成部分进行详细介绍。

10.2.1 数据分析报告的开篇

作为数据分析报告的开篇，一定要有一个好的开头，如果开头开不好，不仅抓不住决策者的注意力，而且后面的数据分析主体部分也就很难清晰地展开。

1. 报告标题

报告的标题是整个数据分析报告的开端，对于标题的命名，需要注意两点要求，一是标题要精练、概括，不能太长，根据版面的要求在一两行内完成；二是标题要突出数据分析的主体。

一般情况下，如果报告内容不多，标题直接在正文内容的前面占一两行就可以了。图 10-6 所示为节选的提升电商转化率的分析报告内容，这里的标题就只占了一行。

数据分析提升电商转化率

在注意力越来越分散的如今，99.5%的客户是流失掉的，电商要如何去了解这群客户的购物行为特征，并且使之转化为订单量。 消费者网上购物的平均时间，拿去年的 6 月跟今年的 6 月比较，从 20 分钟减少到了 17 分钟。另一方面，客户停留在网站上的时间减少的同时，多数电商的转化率只有 0.5%左右。

在注意力越来越分散的今天，99.5%的客户是流失掉的，电商要如何去了解这群客户的购物行为特征，并且使之转化为订单量。

图 10-6

如果报告正文内容比较多，为了显得更加正式，通常标题独占一页，并且在这种情况下，需要在标题下方列出编制单位 / 部门和具体的日期。如前面的图 10-2 所示的企业阅读财务分析报告单独占了一页。此外，在 PPT 数据分析报告中，标题也单独占一页，图 10-4 所示的产品市场调查分析报告的第一张图就是标题页。

了解了报告标题的命名和格式后，下面来认识一下报告的标题有哪些类型，从而有助于数据分析师设计更准确的标题，如表 10-1 所示。

表 10-1 数据分析报告常见的标题类型

类型	特点	举例
表明观点式标题	点明数据分析报告的基本观点	《出口商品包装不容忽视》《对当前巨额节余购买力不可忽视》《人类是导致全球气候恶化的主要原因》
概括内容式标题	用数据说话，将报告的中心内容在标题中概括出来，让阅读者快速抓住中心内容	《全国便利店行业年销售额同比增长25.12%》《201×年周边游用户增长51% 跨境游略有增长》
直叙式标题	客观反映分析的对象、范围、时间和内容，不掺杂数据分析师的主观看法和主张	《公司6月份销量下降分析报告》《银行个人存款流失情况分析报告》
提出问题式标题	以设问的方式提出报告所要分析的问题，引起阅读者的注意和思考	《如何用大数据提升客户的转化率和忠诚度》《1500万的利润是怎样获得的》

2. 报告目录

目录并不是数据分析报告的必需组成部分，对于分析层析较多、内容较多的数据分析报告才使用。因为目录是对内容的提纲挈领，阅读者查阅报告目录可以快速了解数据分析报告的整体结构，并且可以快速定位到自己重点关注的部分。

如果是用 PPT 工具制作的数据分析报告，一般只列举具体比较重要的二级目录即可，如图 10-7 所示。

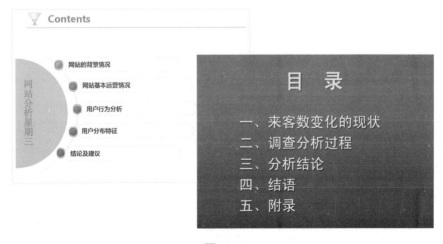

图 10-7

如果是利用 Word 工具制作的数据分析报告，在目录中还要在章节名称后加上对应的页码，图 10-8 所示为某企业综合经营分析报告目录的节选部分。

图 10-8

对于 Word 格式的数据分析报告，在制作目录时还需要注意以下两个技巧。

(1) 目录不能设置得太细，必须小于 3 级；否则过多的层次结构让整个目录显得不够清爽，反而影响阅读。

(2) 如果报告中有大量的图表或者表格，可以考虑单独将图表或表格提取到目录中显示，因为部分决策者或者企业高管没有那么多的时间来完整地阅读报告内容，他们可能只关心某些关键图表或者关键数据，通过目录中查阅图表或者表格的位置，可以快速定位到需要的目标位置。

3. 报告前言

前言是分析报告的重要组成部分，通常用来阐述报告的基本情况，言简意赅地说明数据分析报告的分析目的、介绍数据分析的对象以及报告的主要内容，如图 10-9 所示。

文具市场调研报告

一、调研前言

　　实践主题：文具市场调查。

　　调研目的：为了进一步了解社会各行各业现状和加强社会实践的能力，同时增强自己对市场空间的敏感度，决定对全镇的文具市场进行调研。

　　调研方式：通过与文具店的业务人员交流、学生的沟通来了解本镇文具市场的基本状况。

　　调研内容：包括各店的货源、货物的种类、顾客的回头率、对市场的占有量等方面的调查。

　　文具行业从传统计划经济中的卖方市场逐步过渡形成市场经济下的买方市场，前后二十余年，在生产和经营思路上起了很大的变化。文具市场发展初期，国内生产厂家较少，产品较多依赖进口，且需求不断增大。随着国民经济的发展，文具市场从过去的简单消费转变成当前全方位消费，企业、个人对文化用品的需求也越来越成熟，从过去的简单只从价格、质量入手到现在的品牌化需求。近年来，中国文具办公用品产品更新换代较快，品质明显提高，花色品种和国外基本接轨，产品的技术含量也有很大的提高。　同时，文具作为国内迅速崛起的一个轻工产品，在国际市场上也起着越来越重要的作用。每年国际、国内的文具行业展览会或者轻工产品展览会，参展的国内文具企业不下 1000 家，中国制造的文具产业正以绚烂多彩的姿态展现给世界。

　　随着经济的发展以及国家在教育、健身方面投资的扩大，人们对文具及办公用品的需求量也不断增加，因此营造出潜力巨大的文化用品市场，中国文化用品市场未来仍将呈现快速发展态势。毫无疑问，这个行业的前景极具诱惑力。

图 10-9

数据分析报告的前言的写法灵活多样，最常见的 3 种写法如下。

(1) 第一种是写明调查的起因、目的、时间、地点、对象、范围、经过、方法以及人员组成等调查本身的情况，从中引出中心问题或基本结论。

(2) 第二种是写明调查对象的历史背景、大致发展经过、现实状况、主要成绩以及突出问题等基本情况，进而提出中心问题或主要观点。

(3) 第三种是直接概括出调查的结果，如肯定做法、指出问题、提示影响以及说明中心内容等。

但是无论采用哪种写法，都必须注意以下几点写法要求。

(1) 开门见山，不绕圈子，避免大篇幅地讲述历史渊源和立题研究过程。

(2) 不应过多叙述同行熟知的及教科书中的常识性内容，行文要精简，重点内容要突出。

(3) 回顾历史要有重点，内容要紧扣文章标题，围绕标题介绍背景。

(4) 在提示所用的方法时，不要求写出方法和结果，不要展开讨论；虽可适当引用过去的文献内容，但不要长篇罗列。

(5) 前言的篇幅一般不要太长，太长可致读者乏味，太短则不易交代清楚。

前言内容是否正确，对报告最终是否能解决业务问题，是否能给决策者提供有效的数据依据起着决定性的作用，因此在写报告前言之前，数据分析师一定要经过深思熟虑再写作。

10.2.2　数据分析报告的正文

正文是数据分析报告的核心部分，它决定着整个报告的质量高低和作用大小，它将系统全面地表达分析过程和结果，如问题的提出到最后得到的结论，观点的论证过程，使用什么样的数据分析方法，采用了哪些数据资料等，因此它是整个数据分析报告中所占篇幅最长的部分。

虽然正文的篇幅很长，但是也有一定的写作思路和顺序，对于这个写作思路，一定要按照数据分析的思路来写，这样才能确保报告内容的严谨和清晰。如果不理清报告的思路，即使数据分析结果正确，建议也很不错，但是整个正文叙述太过杂乱，也会让人看不懂，而且降低数据分析结果的真实性。此外，在正文部分还必须注意以下几点要求。

1. 正文的结构划分清晰

由于正文的篇幅比较长，如果利用 Word 工具制作数据分析报告，不可能只用一种排版方式就全部描述出来。图 10-10 所示为没有任何层次结构的正文，让人眼前看到的就是密密麻麻的文字，看着也头痛。

为了提升正文内容的可读性，需要用不同的标题级别来划分整个正文内容，使得正文内容的层次结构清晰、内容明确。让领导和决策者可以一个部分一个部分地阅读和理解。而且可以适当将正文中的一些标题进行突出设置或者添加编号，让其与描述内容区别开来，让整个报告正文的条理性更清晰，图 10-11 所示为调整后的报告正文。

研究方法：采用随机拦截女性方式，抽样问卷调查

调查结果与分析

　　根据 200 份调查结果显示，92%的常州本地女大学生都会或多或少使用护肤品，还有 8%的女性从来不使用护肤品。

　　综合来看，根据问卷调查，可以得知，常州大学的月消费水平在 835.7 元，对高端护肤品的购买力不强。

　　从调查显示来看，中端价位的护肤品最受女大学生喜爱，因为她们还没有固定的经济消费能力。

　　(1)大学生收入水平与护肤品消费水平的关系

价位	30 元以内	30～80 元	80～150 元	150 元以上
人数	20	43	102	35
比例	10%	21.5%	51%	17.5%

　　从该表格可以看出，只有 10%的女性可以接受价位低廉的护肤品，这是由于她们觉得便宜没好货的心理。21.5%可以接受中低端价位，因为觉得价廉物美的心理。51%可以接受中端价位，而只有 17.5%可以承受高价护肤品，她们坚信一分价钱一分货，护肤品只有贵的才是好的。

图 10-10

（一）研究方法

　　采用随机拦截女性方式，抽样问卷调查

（二）调查结果与分析

1.护肤品校园女性市场销售状况分析

　　根据 200 份调查结果显示，92%的常州本地女大学生都会或多或少使用护肤品，还有 8%的女性从来不使用护肤品。

　　综合来看，根据问卷调查，可以得知，常州大学的月消费水平在 835.7 元，对高端护肤品的购买力不强。

　　从调查显示来看，中端价位的护肤品最受女大学生喜爱，因为她们还没有固定的经济消费能力。

(1)大学生收入水平与护肤品消费水平的关系

价位	30 元以内	30～80 元	80～150 元	150 元以上
人数	20	43	102	35
比例	10%	21.5%	51%	17.5%

　　从该表格可以看出，只有 10%的女性可以接受价位低廉的护肤品，这是由于她们觉得便宜没好货的心理。21.5%可以接受中低端价位，因为觉得价廉物美的心理。51%可以接受中端价位，而只有 17.5%可以承受高价护肤品，她们坚信一分价钱一分货，护肤品只有贵的才是好的。

图 10-11

2. 结合图形化表达

　　在进行论证分析的过程中，需要结合对应的数据和图表进行分析，这样才能将问题更直观地展现出来，图 10-12 所示为利用 PPT 工具制作的控烟态度及吸烟现状的调

查分析报告的节选正文部分。

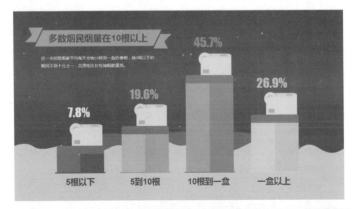

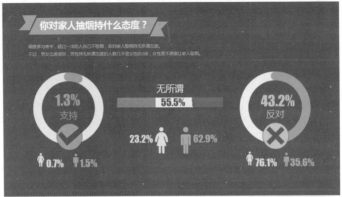

图 10-12

　　在整个幻灯片中，采用大量的图形化表达方式，从而让枯燥的文字和数据也变得生动有趣，阅读轻松，而且信息传递也更直观。

　　对于表格与表格之间、图表与图表之间的联系如何阐述，你所要反映出的问题如何表达，这些都要在做数据分析图或者分析表时就要弄明白；否则胡乱将各种表格和图表堆砌在正文部分，没有一定的逻辑顺序，也没有与之联系的文字描述，领导或者决策者也看不懂你的报告。

10.2.3　数据分析报告的结尾

数据分析报告的结尾即整个数据报告的最后部分的内容，通常是对报告的总结并得出分析结论，有些数据分析师也会在结尾部分根据分析结论提出一些建议供决策者参考，下面针对结尾部分中的一些重要组成部分进行介绍。

1.分析结论

结论是以数据分析结果为依据得出的分析结果，它是通过合适的数据分析方法论和数据分析方法，结合公司具体的业务，利用数据分析工具进行分析并得出的最终的总体论点。

无论是利用什么工具制作的数据分析报告，结论一般在报告的结尾位置用文字描述的方式来说明，如图 10-13 所示。而且要与前言相互照应，需要注意的是，结论的措辞一定要严谨和准确。

3.1 研究结论

　　我国市场调查与咨询服务业在未来几年的主流仍然是发展，并且是大发展，无论中途出现怎么短暂的回转挫折，这一大方向始终不变。中国加入世界贸易组织已近三年，中国入世意味着加入了以规则约束为基础，通过相互协商达成共识，运用争端解决机制加以实施的这样一个组织。入世后使中国置身于全球化的背景下，把中国经济与世界经济紧密联系起来。

　　由此，中国经济将从真正意义上与世界接轨。市场调查与咨询服务业亦如此，必须在全球大背景下筹划发展，积极主动地参与国外同行业之间的国际交流，更高层次上参与与国外在技术、方法上的交流与合作，以提高我国市场调查与咨询服务业适应新的形式地能力。

　　同时，应发挥行业协会在整顿和规范市场调查与咨询服务业市场秩序方面的作用。搞社会主义市场经济，需要有健全的行会组织体系。当前，我国正致力于完善社会主义市场经济体制及其运行机制。社会主义市场经济在本质上仍是市场经济，而行会组织恰恰是现代市场经济体制下不可或缺的组织构成，它对于激活市场体系、规范市场秩序和改善市场环境等都具有无可替代的作用。中国市场信息调查业协会已经正式成立，这必将为我国市场调查与咨询服务业健康稳定的向前发展起到积极地初进作用。

　　世纪交替，不是一般意义上的时间变换，而是被赋予了深刻的机遇内涵。江泽民同志深刻指出："21世纪将是充满机遇和挑战的世纪。在世纪之交的重要时期，能否抓住机遇，迎接挑战，开拓进取，有所作为，对各级领导干部都是严峻的考验。"。市场调查行业必须在新的实践中进行新的探索和创造，主动适应新形势，敢于接受新挑战，善于解决新问题，自觉接受新考验，积极创造新理念，在推进我国市场调查与咨询服务业中提高创造力，在提高创造力的过程中推进我国市场调查与咨询服务业。

图 10-13

2. 提出建议

建议是根据结论对企业或者业务问题提出的解决方法，数据分析师在制作分析报告时要尽可能地在合理的情况下多提出一些具有建设性和可行性的解决方案，然后通过一些科学的方法，结合公司的实际业务情况最终确定一个最优方案，提供给领导或者决策者进行参考。缺少解决方案的数据分析报告都是没有意义的数据分析工作。

3. 相关附录

附录通常是提供专业名词解释、计算方法说明以及原始数据获取方式等；或者提供正文中涉及而未阐述的有关资料，如有些市场调查报告的附录会提供具体的问卷调查，图10-14所示为节选的产品市场调研结果分析报告中附录的部分内容；也有的会提供一些参考文献资料等。它是数据分析报告结尾的补充内容，并不是必须具备的组成部分，数据分析师需要结合实际情况来确定是否在数据分析报告中添加相关的附录信息。

> **四、附录**
>
> **1.调查问卷**
>
> **关于大学生女性护肤品使用情况的市场调查问卷**
>
> 您好，我是××理工学院学生，我们现在正在进行对大学生护肤品使用情况的市场调查，希望您能抽出5分钟填写一下，谢谢您的配合！我们本次问卷采用不记名调查，不会泄露您的隐私。
>
> 1.您是否是××本地大学的学生（ ）
>
> A 是 B 否
>
> 2、您是否使用护肤品：（ ）
>
> A、是　　　B、否
>
> 3、您的肤质是：（ ）
>
> A、油性　　B、干性　　C、混合性 D、中性　E、敏感性
>
> 4、您每月生活费用是：（ ）
>
> A、300元以内　　B、300～600元
>
> C、600～1000　　D、1000元以上
>
> 5、您每学期化妆品消费总支出平均为：（ ）
>
> A、100以内　　B、100～300元　　C、300～500　　D、500以上

图 10-14